Hesse/Schrader

Das große Logik-Kniffel-Buch

Jede Menge Testaufgaben zum Trainieren und Rätseln

berufsstrategie

Eichborn

Die Autoren
Jürgen Hesse, Jahrgang 1951, geschäftsführender Diplompsychologe
im *Büro für Berufsstrategie,* Berlin.
Hans Christian Schrader, Jahrgang 1952, Diplompsychologe in Berlin.

Anschrift der Autoren
Büro für Berufsstrategie
Hesse/Schrader
Oranienburger Straße 4–5
10178 Berlin
Tel. 030/28 88 57-0
Fax 030/28 88 57-36
www.berufsstrategie.de
Die Autoren danken Roman Hiergeist
sowie Sven und Robert Foellmer

1 2 3 08 07

Umschlaggestaltung: Christina Hucke
Illustration: © Images.com/corbis
Lektorat: Simone Kreuzberger
Satz: Greiner & Reichel, Köln
Druck und Bindung: Fuldaer Verlagsanstalt, Fulda
ISBN 978-3-8218-5867-8

Verlagsverzeichnis schickt gern:
Eichborn Verlag, Kaiserstraße 66, D-60329 Frankfurt/Main
www.eichborn.de

Das große Logik-Kniffel-Buch

Inhalt

Aufgabe:
Wie bekommen Sie einen Elefanten in den Kühlschrank?
Schreiben Sie hier Ihre Antwort auf:

Lösung von S. 5:
Ganz einfach, Tür auf – Elefant rein – Tür zu.
Hätten Sie nicht gedacht wie einfach das ist?

Alles Logisch – oder was?

Was ist das Gemeinsame von Apfelsine und Apfel? Es handelt sich in beiden Fällen um Obst. Klar! Auch kann man beides essen, und vitaminreich sind beide Früchte ebenfalls. Alles richtig!

1. Was ist aber das Gemeinsame von Elefant und Veilchen?
2. Und was haben Alkohol und Holz gemein?

Oder:
3. Wenn drei Tage vor gestern Mittwoch war, welcher Tag wird morgen sein?

Aber auch das:
4. Wenn alle Krokodile beißen und fliegen können, und alle Riesen, die stottern, Krokodile sind, können stotternde Riesen dann auch fliegen?
a) ja b) nein

5. Und sind Riesen dann grün?
a) ja b) nein

Vielleicht können Sie diese Zahlenreihe sinnvoll richtig ergänzen:
6. 2 27 4 9 8 **?**

Oder diese Textaufgabe schnell mal lösen:
7. In einer Familie hat jeder Sohn dieselbe Anzahl von Schwestern wie Brüder. Jede Tochter aber hat zweimal soviel Brüder wie Schwestern. Wie viele Töchter hat die Familie?

Vielleicht haben Sie aber auch hierfür den richtigen Blick:

8.

XII	X	VIII	VI		

Setzen Sie die Grafik in den letzten beiden Feldern logisch fort.

Die Lösungen finden Sie auf S. 8.

Aufgabe: Wie bekommen Sie jetzt eine Giraffe in den Kühlschrank?
Schreiben Sie hier Ihre Antwort auf:

Allen Aufgaben gemeinsam ist …

Sie ahnen es schon: Bei all diesen kniffligen Fragen ist Ihr logisches Denkvermögen gefordert, sei es nun im sprachlichen Bereich, bei mathematischen Problemen oder im Erkennen von grafischen Mustern.

Lösungen

1. Es sind Lebewesen 2. Beides brennt und enthält Kohlenstoff 3. Montag 4. a 5. b Sie können fliegen, aber wer sagt, dass Krokodile überhaupt grün sind? 6. 3 (1. Zahl x 2; 2. Zahl : 3) 7. 3 Töchter und 4 Söhne) 8. IV II

Lösung von S. 7:

Auch ganz einfach: Tür auf – Elefant raus, Giraffe rein – Tür zu.

Eigentlich logisch.

Was ist logisches Denken?

Zweifelsohne: Logisches, analytisches Denken ist sehr nützlich bei der Bewältigung des Alltags und des Lebens insgesamt. Jeden Tag sind wir gefordert, »logisch« zu denken und zu handeln. Unter anderem deshalb ist logisches Denken auch ein sehr wichtiger Bestandteil dessen, was man gemeinhin unter Intelligenz versteht.
Da bleibt nur noch zu klären, was denn eigentlich Intelligenz ist. An dieser Stelle aber gehen die wissenschaftlichen Theorien der bekanntesten Intelligenzforscher ziemlich weit auseinander. Einigkeit besteht jedoch in einem Punkt: Es gibt so etwas wie »intelligentes Verhalten«. Festgemacht wird es vor allem an der Art, wie jemand Probleme löst. Entscheidend sind dabei der Schweregrad des Problems, aber auch die Schnelligkeit, Konzentration und die Kreativität, die beim Lösen eines Problems durch eine Person sichtbar werden.

Logisches Denken wenden wir – vereinfacht ausgedrückt – bei drei Arten von Problemstellungen an: auf sprachlicher, mathematischer oder grafischer Ebene.
Aus diesem Grund geht es bei den Logik-Intelligenz-Testaufgaben in diesem Buch auch um verbale, numerische und figural-bildhafte Problemstellungen.

Wir haben Ihnen hier ca. 750 Aufgaben aus den neuesten, wichtigsten und am häufigsten eingesetzten Testverfahren zusammengestellt. Wenn Sie diese Aufgaben zu einem großen Teil erfolgreich und in der vorgegebenen Bearbeitungszeit lösen, zeigen Sie damit »intelligentes Problemlösungsverhalten« und können Ihr Ergebnis mit den Leistungen anderer vergleichen. Sie benötigen für die Bearbeitung dieser Testaufgaben vor allem Ruhe, insgesamt etwa fünf Stunden Zeit sowie Papier und Bleistift.

Was wird hier eigentlich getestet?

Getestet wird vieles! Waschmittel oder Autos – und die Nerven der Schwiegereltern oder der Nachbarn. Es gibt aber auch Schwangerschafts-

---

Aufgabe: Der König der Tiere lädt heute alle Tiere zur jährlichen Konferenz ein.
Nur ein Tier ist nicht erschienen. Welches?
Schreiben Sie hier Ihre Antwort auf:

---

tests, Hörtests und die beliebten Fragebögen der Illustrierten »Welche Sportart passt zu mir?«

Intelligenztests gehören zur Sparte psychologischer Testverfahren. Es handelt sich dabei um standardisierte, routinemäßig anwendbare Verfahren zur Messung individueller Verhaltensmerkmale. Auch hier gibt es verschiedene Ansätze, wie der »Berliner Intelligenz-Strukturtest« (BIS), der »Mannheimer Intelligenztest« (MIT) oder der »Wilde-Intelligenztest« (WIT). Sie bestehen aus mehreren Einzelverfahren, die Bereiche wie logisches Denkvermögen, Gedächtnisleistung und räumliches Vorstellungsvermögen abprüfen und messen. Diverse Leistungstests überprüfen Fähigkeiten wie Aufmerksamkeit, Reaktion und Konzentration, und Persönlichkeitstests versuchen, die Charaktermerkmale der Testperson zu ergründen.

Heutzutage werden in den unterschiedlichsten Bereichen psychologische Testverfahren eingesetzt: ob ein Kind schon reif genug ist für die Schule, und welche Schüler später dann aufs Gymnasium dürfen, welche Mitarbeiter sich als Führungskräfte eignen und ob Verkehrssünder ihren Führerschein zurückerhalten (oder besser eben nicht) – nicht selten entscheiden Tests über unser weiteres Leben.

Die hier zusammengestellten Aufgaben konzentrieren sich auf das logische Denkvermögen. Andere Aspekte intelligenten Verhaltens, wie z. B. soziale Intelligenz bzw. Kompetenz, aber auch Merkfähigkeit oder Leistungskonzentration, werden hier nicht gemessen.

Die verschiedenen Aufgabentypen geben Ihnen die Chance, sich mit einschlägigen Testverfahren vertraut zu machen und Ihr Denkvermögen zu erproben und zu trainieren. Alles in allem eine große Herausforderung an Ihr Gehirn und Ihre Geduld, aber auch an Ihre Frustrationstoleranz.
Sie wollen sich dieser Situation stellen? Bravo, dann kann es ja gleich losgehen.

Lösung von S. 9:
Na logisch, die Giraffe, die sitzt ja noch bei Ihnen im Kühlschrank.

Test-Tipps: Worauf es ankommt, wenn es darauf ankommt

Drei wichtige Aspekte helfen Ihnen, einen Intelligenztest erfolgreich zu absolvieren:

- die emotionale,
- die intellektuelle und
- die organisatorische Vorbereitung.

Emotionale Vorbereitung

Machen Sie sich mit den Intelligenz-Testaufgaben bereits im Vorfeld durch wiederholtes Üben vertraut. Ziel ist es, größtmögliche Gelassenheit zu erreichen. Das bedeutet einerseits die Bereitschaft, wirklich durch konsequentes Üben etwas dafür zu tun, damit es klappt. Sie trainieren dadurch Ihr logisches Denkvermögen und schulen Ihren Blick für das Wesentliche einer Fragestellung. Andererseits beugen Sie einer Enttäuschung vor, wenn das Testergebnis nicht auf Anhieb so ist, wie Sie es sich wünschen. Machen Sie Ihr Selbstwertgefühl niemals vom Testergebnis abhängig. Schließlich handelt es sich nicht um ein »Gottesurteil«, und es sagt absolut nichts über Ihren Wert als Mensch, über Ihr Denkvermögen und noch weniger über Ihre angebliche (Nicht-)Eignung für einen speziellen Beruf bzw. für eine bestimmte Hierarchieebene in Ihrem Job aus.

Intellektuelle Vorbereitung

Bauen Sie Ihre Test-, Autoritäts- und Wissenschaftsgläubigkeit ab und versichern Sie sich der unterstützenden Solidarität wichtiger Personen in Ihrer Umgebung.

Tests kann man – wie vieles im Leben – sehr gut üben (auch wenn man aus verständlichen Gründen von Testanwenderseite versucht, Ihnen gerade das auszureden ...). Je besser Sie die Vorgehensweisen und Muster, nach denen die Tests aufgebaut sind, geübt und verstanden haben, desto besser und schneller werden Sie zu einer Problemlösung kommen.

Aufgabe: Nun müssen Sie heute noch einen Fluss überqueren, in dem viele Krokodile leben.
Wie stellen Sie es an?
Schreiben Sie hier Ihre Antwort auf:

Organisatorische Vorbereitung

Ohne Vorbereitung, ohne Übung und ohne eine gute Portion Organisation ist alles mindestens doppelt so schwer.

Bevor wir auf die wichtigsten Bearbeitungsregeln für Testaufgaben zu sprechen kommen, erscheint es uns unbedingt notwendig, noch einmal auf Folgendes hinzuweisen: Von wissenschaftlicher Seite wird der These entschieden widersprochen, man könne vom Test- auf den Berufserfolg schließen.

Die wichtigsten Bearbeitungsregeln für Testaufgaben

- Nutzen Sie die Zeit der Aufgabenerklärung zu Beginn der Tests: Verdeutlichen Sie sich das Aufgaben- und Lösungsschema. Versuchen Sie, sich an ähnliche, bereits gelöste Aufgaben aus Testtrainingsbüchern zu erinnern. Fragen Sie den Testleiter bei Unklarheiten, solange dazu Gelegenheit besteht.
- Arbeiten Sie so schnell wie möglich, mit einem sinnvollen Maß an Sorgfalt.
- Beißen Sie sich nicht an schwierigen Aufgaben fest, sonst verlieren Sie wertvolle Bearbeitungszeit für andere, vielleicht viel leichtere Aufgaben. In der Regel sind Testaufgaben nach steigendem Schwierigkeitsgrad angeordnet, anfangs ziemlich einfach, dann immer schwieriger.
- Sind verschiedene Antwortmöglichkeiten vorgegeben, wenden Sie bei Zweifeln bezüglich der richtigen Lösung die folgenden Strategien an:
- Versuchen Sie, falsche Lösungen zu eliminieren, um so die richtige einzukreisen (Ausschlussstrategie). Es ist leichter, z.B. unter zwei verbleibenden Möglichkeiten auszuwählen, als unter mehreren.
- Raten Sie notfalls lieber eine Lösung, anstatt gar nichts anzukreuzen. Nur sehr selten werden für falsche Antworten Punkte abgezogen.

Sollte es bei Ihrem nächsten IQ-Test nicht ganz so klappen, können Sie trotzdem zu den Gewinnern gehören, wenn Sie aus den Erfahrungen lernen und nicht aufgeben.

Lösung von S. 11:
Ganz einfach: Sie schwimmen.
Die Krokodile sind ja auf der Konferenz der Tiere – Sie erinnern sich doch sicherlich …

Generelle Tipps für Berufseignungs- oder Auswahltests

- Sie sollten nur Tests mitmachen, wenn Sie sich absolut gesund fühlen und ausgeschlafen haben. Zusätzliche Belastungen neben dem Teststress sollten Sie möglichst vermeiden oder aber einen neuen Testtermin vereinbaren. Mit einer guten Begründung können Sie dies in der Regel leicht erreichen.
- Pünktliches Erscheinen am Test-Ort versteht sich von selbst. Wer abgehetzt zum Termin kommt, verschlechtert seine Chancen.
- Erkundigen Sie sich im Vorfeld nach der Testdauer. Manche Tests können bis zu acht Stunden dauern. Deshalb ist es ratsam, neben Schreibzeug auch etwas Ess- und Trinkbares mitzubringen (Traubenzucker, Schokolade etc.).
- In Pausen, die es hoffentlich gibt, kann ein Gespräch mit dem Nachbarn, der sicherlich genauso aufgeregt ist wie man selbst, durchaus entspannend wirken.
- Nach dem Test- und Bewerbungsstress sollten Sie nicht vergessen, sich zu belohnen! (Was das sein könnte, weiß hoffentlich jeder selbst.)

Aufgabe: Bei der Konferenz niest ein Tier ständig. Welches?
Schreiben Sie hier Ihre Antwort auf:

Lösung von S. 13: Ja, genau: Der Elefant, der hat sich eine Erkältung in Ihrem Kühlschrank zugezogen.

Aber warum können Sie heute Nacht nur sehr schlecht schlafen?
Weil Sie ja noch immer die Giraffe im Kühlschrank eingesperrt halten ...

Aber Spaß beiseite, jetzt geht es um Ihr logisch-analytisches Denkvermögen ...

Sprachgebundene Logik

Hammer, Schere, Zange, Gabel, Schraubenzieher.
Fällt Ihnen etwas auf? Ein Teil in dieser Wortreihe ist kein Werkzeug und passt schlecht in die Gruppe: das Wort »Gabel«.
Und nun: Engel, Himmel, Wolke, Flügel, Bibel ... Geht Ihnen ein Licht auf?
Was hier stört, ist die Wolke. Sie endet nicht wie alle anderen vier Begriffe auf »el«.

Sie sehen, den Lösungen können ganz unterschiedliche Logikmuster zugrunde liegen. Und um die geht es hier. Ob Sie nun Gemeinsamkeiten oder Unterschiede erkennen, Schlussfolgerungen richtig zuordnen oder absurde Realitäten korrekt interpretieren sollen, immer geht es darum, die Logik hinter der Aufgabe zu durchschauen.
Das kann sogar so weit gehen, dass Sie sich die Grundzüge einer neuen Sprache mit Hilfe weniger Aufgaben erschließen. Schon mal was von der Luopi-Sprache gehört? Wutezippe gag?

Übung macht den Meister, und es ist noch kein Meister vom Himmel gefallen. Was haben jetzt diese Sprichworte wieder gemeinsam? Logisch: den Meister.
Trainieren Sie also Ihre Routine im Umgang mit diesen Aufgaben, umso mehr, wenn Sie aus welchen Gründen auch immer demnächst mit Testaufgaben wie diesen konfrontiert werden sollten.

Wenn Sie das Um-die-Ecke-Denken in diesem Bereich lernen, üben und perfektionieren, haben Sie einen neuen Blick für reale und absurde Herausforderungen ...

Wortauswahl

Von fünf Wörtern sind vier in einer gewissen Weise einander ähnlich. Finden Sie das fünfte Wort heraus, das nicht in diese Reihe bzw. Aufzählung passt.

1. Beispiel:

a) Tisch
b) Sessel
c) Schrank
d) Bett
e) Taube

Lösung: e
denn a, b, c und d sind Möbel.

2. Beispiel:

a) Butter
b) Milch
c) Gras
d) Käse
e) Joghurt

Lösung: c
denn die anderen Begriffe sind Lebensmittel.

10 Minuten!

Für die nächsten 40 Aufgaben haben Sie 10 Minuten Bearbeitungszeit.

1.
a) Silber
b) Bronze
c) Kupfer
d) Granit
e) Eisen

2.
a) essen
b) trinken
c) fernsehen
d) schlafen
e) atmen

3.
a) Vorfreude
b) Sehnsucht
c) Zuversicht
d) Hoffnung
e) Habgier

4.
a) gehen
b) schlendern
c) stolzieren
d) springen
e) schreiten

5.
a) Schneidezahn
b) Orange
c) Murmel
d) Erde
e) Schneeball

6.
a) Berliner
b) Hamburger
c) Hesse
d) Schrader
e) Bayer

7.
a) Fensterscheibe
b) Teleskop
c) Mikroskop
d) Lupe
e) Sonnenbrille

8.
a) Schneewittchen
b) 7 Zwerge
c) Spieglein an der Wand
d) Rumpelstilzchen
e) Böse Königin

9.
a) Horizont
b) Scheibe
c) Fläche
d) Ebene
e) Platte

10.
a) subversiv
b) eifersüchtig
c) fies
d) durchtrieben
e) hinterhältig

11.
a) aufrichtig
b) ehrlich
c) edel
d) prinzipientreu
e) tugendhaft

12.
a) 100 %
b) echt
c) original
d) rein
e) unverfälscht

13.
a) schüchtern
b) introvertiert
c) gehemmt
d) zurückhaltend
e) feige

14.
a) sozial
b) kollegial
c) altruistisch
d) fürsorglich
e) gemeinschaftlich

15.
a) einmalig
b) dreifach
c) zweideutig
d) X-mal
e) viergeteilt

16.
a) apathisch
b) interesselos
c) gleichgültig
d) lethargisch
e) indifferent

17.
a) stoßen
b) schlagen
c) hauen
d) pieken
e) boxen

18.
a) gestört
b) durchgeknallt
c) irre
d) verrückt
e) bekloppt

19.
a) übergewichtig
b) beleibt
c) Fett
d) füllig
e) vollschlank

20.
a) bärenstark
b) blitzgescheit
c) gazellenschnell
d) schweinedreckig
e) schneckenlahm

21.
a) Gedicht
b) Roman
c) Literat
d) Novelle
e) Kurzgeschichte

22.
a) verängstigt
b) verunsichert
c) beunruhigt
d) besorgt
e) verstimmt

23.
a) Entwicklungs-prozess
b) Steigerung
c) Fortschritt
d) Reifung
e) Wachstum

24.
a) beispielhaft
b) ausgezeichnet
c) hervortretend
d) mustergültig
e) vorbildlich

25.
a) Herberge
b) Hotel
c) Pension
d) Restaurant
e) Gasthof

26.
a) überreichen
b) übergeben
c) übereignen
d) überlassen
e) aushändigen

27.
a) Flugzeug
b) Lift
c) Treppe
d) Fallschirm
e) Leiter

28.
a) Ehe
b) Gemeinschaft
c) Brücke
d) Grenze
e) Fusion

29.
a) windig
b) regnerisch
c) kalt
d) bewölkt
e) neblig

30.
a) entscheiden
b) quittieren
c) planen
d) beurteilen
e) werten

31.
a) gebohrt
b) gehobelt
c) geschliffen
d) poliert
e) gewalzt

32.
a) Türschloss
b) Wasserhahn
c) Reißverschluss
d) Schraubendreher
e) Korkenzieher

33.
a) fällen
b) sägen
c) durchtrennen
d) durchbohren
e) zerschneiden

34.

a) Pommes mit Ketchup
b) Würstchen mit Senf
c) Pudding mit Vanillesoße
d) Rührei mit Speck
e) Döner mit Knoblauchsoße

35.

a) warmherzig
b) gutmütig
c) unverfroren
d) heißblütig
e) unterkühlt

36.

a) erkämpfen
b) erlangen
c) erringen
d) erobern
e) erhalten

37.

a) passieren
b) überqueren
c) überschreiten
d) durchqueren
e) durchschreiten

38.

a) gleich
b) bald
c) demnächst
d) kürzlich
e) zukünftig

39.

a) Patient
b) Klient
c) Mandant
d) Kunde
e) Freund

40.

a) Samt
b) Seide
c) Leinen
d) Bambus
e) Baumwolle

Lösungen Seite 189

Gleiche Wortbedeutungen

Zu dem vorgegebenen Wort ist ein Zweites aus einer Menge von fünf vorgegebenen Worten zu finden, das die gleiche oder eine sehr ähnliche Bedeutung hat.

1. Beispiel:
Kopf
a) Körper
b) Kugel
c) Haupt
d) Mensch
e) rund

Lösung: c
Denn Haupt ist ein anderes Wort für Kopf

2. Beispiel:
Psyche
a) Seele
b) Gedächtnis
c) Gewissen
d) Antlitz
e) Kopf

Lösung: a
Psyche wird am ehesten mit Seele übersetzt

10 Minuten!

Für 40 Aufgaben haben Sie 10 Minuten Bearbeitungszeit.

1. Herz
a) Motor
b) Maschine
c) Hohlmuskel
d) Lebensquelle
e) Fleisch

2. glänzen
a) schimmern
b) leuchten
c) blinken
d) blitzen
e) funken

3. schildern
a) zeigen
b) darstellen
c) angeben
d) beschreiben
e) anzeigen

4. Anerkennung
a) beneiden
b) staunen
c) Bewunderung
d) Verehrung
e) Respekt

5. Anstand
a) Aufstand
b) Unterstand
c) Umstand
d) Sitte
e) Bitte

15. schippen
a) Spaten
b) schaufeln
c) kehren
d) wegschaffen
e) aufwühlen

7. Tantieme
a) viel Geld
b) Gewinnbeteiligung
c) Reichtum
d) Gold
e) Kantine

8. Tarantel
a) große Wespe
b) Wolfsspinne
c) schwarzes Insekt
d) Stacheltier
e) Ungeziefer

9. loyal
a) freundlich
b) royal
c) treu
d) feudal
e) königlich

10. prinzipiell
a) prinzipienhaft
b) moralistisch
c) strebsam
d) grundsätzlich
e) kategorisch

11. willfährig
a) gefällig
b) nachgiebig
c) gefügig
d) bereitwillig
e) gutwillig
f) schwach

12. Delfin
a) Dressur
b) Tierquälerei
c) Fisch
d) Säugetier
e) schlau

13. Krösus
a) reicher Mann
b) reicher Mensch
c) reiche Dame
d) Geldspeicher
e) Krone

14. explizit
a) mit Nachdruck
b) ausdrücklich
c) eindrücklich
d) eindringlich
e) aufdringlich

6. Algorithmus
a) Takt
b) Gefühl
c) Musik
d) Problemlösungsverfahren
e) Logarithmus

16. extraordinär
a) besonders ordinär
b) abstoßend
c) nicht von dieser Erde
d) widerlich
e) außergewöhnlich

17. erhaben
a) über etwas stehen
b) erleuchtet
c) allmächtig
d) alles haben
e) nichts abgeben

18. Zaum
a) Käfig
b) Riemen
c) Gitter
d) Stall
e) Zaun

19. Stuhl
a) Schemel
b) Hocker
c) Sessel
d) Sofa
e) Couch

20. Mobilität
a) Erreichbarkeit
b) Schnelle Bewegung
c) Beweglichkeit
d) Flexibilität
e) Unabhängigkeit

21. Gram
a) Schande
b) Scham
c) Ärgernis
d) Wermut
e) Kummer

22. Hinterhalt
a) Unterhalt
b) Vorhalt
c) Nachhalt
d) Falle
e) Versteck

23. Zug
a) Druck
b) Last
c) Kraft
d) Bahn
e) Torsion

24. Geschöpf
a) Unhold
b) Reinhold
c) Mensch
d) Tier
e) Wesen

25. Obsoleszenz
a) Überfluss
b) Veralten
c) Überflüssigkeit
d) Kondolenz
e) Überdruss

26. gravierend
a) gravieren
b) viel wiegen
c) schwerwiegend
d) ins Gewicht fallen
e) schnitzend

27. radizieren
a) Zahn ziehen
b) Wurzel ziehen
c) Los ziehen
d) Lottozahlen ziehen
e) umziehen

28. gewitzt
a) humorvoll
b) lustig
c) clever
d) durchtrieben
e) undurchsichtig

29. Handy
a) Mobiltelefon
b) Schnurlostelefon
c) Alleskönner
d) teures Spielzeug
e) Lebensqualität

30. Amnestie
a) Hirnschwund
b) Gedächtnisverlust
c) Vergesslichkeit
d) Straferlass
e) Amnesie

31. unterwürfig
a) schmeichlerisch
b) unwürdig
c) bescheiden
d) kriecherisch
e) willenlos

32. Publikation
a) Publikums-veranstaltung
b) Kneipe
c) Buchhandlung
d) Veröffentlichung
e) Entwicklungsalter

33. absurd
a) widersinnig
b) ungeschickt
c) absolut
d) abstrakt
e) unverständlich

34. verunstalten
a) verletzen
b) misshandeln
c) beschädigen
d) beschmutzen
e) entstellen

35. perfekt
a) gescheit
b) vollkommen
c) begrenzt
d) regelmäßig
e) richtig

36. kolossal
a) erdrückend
b) außerordentlich
c) gewaltig
d) eindrucksvoll
e) unheimlich

37. Delikt
a) Delikatesse
b) Vergehen
c) Überbleibsel
d) Beschlagnahme
e) Gartengerät

38. Trophäe
a) Tierjagd
b) exotische Pflanze
c) Siegeszeichen
d) Stammeszeichen
e) Gewinn

39. pedantisch
a) kleinlich
b) kränklich
c) streng
d) zu Fuß
e) missvergnügt

40. irden
a) vergänglich
b) aus Ton
c) zur Erde gehörig
d) täuschend
e) zu Ende

Lösungen Seite 191

Gemeinsamkeiten

Sieben Wörter sind vorgegeben. Finden Sie die beiden Wörter heraus, deren Bedeutung sehr ähnlich oder identisch ist oder die einen gemeinsamen Oberbegriff haben. Sollten mehrere Lösungsmöglichkeiten sinnvoll erscheinen, wählen Sie die Begriffe aus, deren Bedeutungen sich am nächsten stehen oder die sich am genauesten einem gemeinsamen Oberbegriff unterordnen lassen.
Bei den nun folgenden Aufgaben kommt erschwerend die Möglichkeit hinzu, dass es auch keinen bzw. nicht nur einen gemeinsamen Oberbegriff gibt, also keine (eindeutige) Lösung möglich ist (was dann die richtige Lösung wäre).

1. Beispiel:

a) Butter
b) Brot
c) Zeitung
d) Messer
e) Zigarette
f) Uhr
g) Baum

Lösung:

a und b sind beides Lebensmittel. (gemeinsamer Oberbegriff)

2. Beispiel:

a) Deprivation
b) Traurigkeit
c) Schicksal
d) weinen
e) Melancholie
f) feiern
g) morgen

Lösung:

b und e sind beides belastende seelische Gefühlszustande, eigentlich Synonyme und so wäre der gemeinsame Oberbegriff Trauer oder eben Traurigkeit.

Noch ein Beispiel:

a) Walkman
b) Zeitung
c) Bibliothek
d) Videospiel
e) CD-Spieler
f) Spielfilm
g) Telefon

Lösung:

a und e sind beides Musikabspielgeräte. Sie verbindet also die gemeinsame Funktion »Abspielen von Tonträgern«.

Viertes Beispiel:	***Lösung:***
a) Straße b) Kino c) Arzt d) Schild e) Baum f) Unfall g) Fax	Keine Lösung möglich, hier ist kein gemeinsamer Oberbegriff zu finden.

Letztes Beispiel:	***Lösung:***
a) Schild b) Verkehrszeichen c) Hinweis d) Wegweiser e) Poster f) Plakat g) Warnung	Keine Lösung möglich, weil hier mehrere gemeinsame Oberbegriffe zu finden sind z.B. e und f, aber auch a und b, oder c und d.

15 Minuten!

Für 40 Aufgaben haben Sie 15 Minuten Bearbeitungszeit.

1.

a) aufheiternd
b) entmutigend
c) vergnügt
d) lachen
e) toben
f) Freude
g) deprimierend

2.

a) Fahrstuhl
b) Dachstuhl
c) Giebel
d) Hausdach
e) Flachdach
f) First
g) Second

3.

a) Kommunist
b) Manifest
c) Kapitalismus
d) Verdikt
e) Erklärung
f) Aquädukt
g) Transparent

4.

a) Genie
b) Talent
c) Denker
d) Querkopf
e) Geistesgröße
f) Geistesgestörtheit
g) Begnadigung

5.

a) Kindskopf
b) Spielkind
c) Frohnatur
d) Kindsnatur
e) Kindeskind
f) Großeltern
g) Enkelkind

6.

a) Einflößung
b) Beeinflussung
c) einfließen
d) ausfließen
e) Suggestion
f) ausufern
g) entreißen

7.

a) Despotismus
b) Demokratie
c) Sozialismus
d) Diktatur
e) Liberalismus
f) Kommunismus
g) Revolte

8.

a) basteln
b) produzieren
c) sägen
d) schneidern
e) fabrizieren
f) kleben
g) schweißen

9.

a) Akkreditiv
b) Beglaubigungs-urkunde
c) Geburtsurkunde
d) Sterbeurkunde
e) Heiratsurkunde
f) Fahrzeugbrief
g) Fahrzeugschein

10.

a) rötlich
b) grün
c) blaustichig
d) schwarz-weiß
e) Eigelb
f) farblos
g) Fehlfarben

11.

a) Geißel
b) Drossel
c) Baldrian
d) Plage
e) Polizei
f) Geisel
g) Terrorist

12.

a) altbacken
b) frisch gebacken
c) Brötchen
d) neumodisch
e) altmodisch
f) unmodisch
g) ästhetisch

13.

a) Silberfisch
b) Goldfisch
c) Frischfisch
d) Diamantfisch
e) Fischtisch
f) Schadstoff
g) Schädling

14.

a) Zucker
b) Salz
c) Pfeffer
d) Majoran
e) Ingwer
f) Diabetes
g) Kümmel

15.

a) Mücke
b) Vogel
c) Huhn
d) Insekt
e) Glucke
f) Hühnerstall
g) Ei

16.

a) Unterdrückung
b) Knechtschaft
c) Versklavung
d) Sklaverei
e) Joch
f) Tyrannei
g) Unterjochung

17.

a) redselig
b) eloquent
c) Geschichten-erzähler
d) wortgewandt
e) quasselt gerne
f) Wasserfall
g) Zappelphilipp

18.

a) Gespräch
b) Kommunikation
c) Exkommuni-kation
d) Ausschluss
e) Anschluss
f) Trugschluss
g) Kurzschluss

19.

a) aufgeben
b) verlieren
c) scheitern
d) hilflos
e) minderwertig
f) ausgestoßen
g) versagen

20.

a) Oberschule
b) Berufsschule
c) Fachhochschule
d) Berufsakademie
e) College
f) Hochschule
g) Universität

21.

a) Minuten
b) Tage
c) stunden
d) Sekunden
e) vorstellen
f) zurückstellen
g) unterstellen

22.

a) erschießen
b) verrecken
c) sterben
d) verelenden
e) verenden
f) auf der Strecke bleiben
g) aufhängen

23.

a) Vabanquespiel
b) Skatspiel
c) Schachspiel
d) Versteckspiel
e) Geplänkel
f) Heimlichtuerei
g) Techtelmechtel

24.

a) wirtschaftlich
b) knauserig
c) ökonomisch
d) verschwenderisch
e) reich
f) bescheiden
g) arm

25.

a) gefügsam
b) genügsam
c) beschneiden
d) bescheiden
e) vermeiden
f) erleiden
g) verleihen

26.

a) Bakteriophage
b) Anthropophage
c) Hannibal
d) Menschenfresser
e) Phagocytose
f) Myofibrille
g) Bazille

27.

a) Harm
b) Kummer
c) Charme
d) Schaden
e) Einsamkeit
f) Verzweiflung
g) Harnstoff

28.

a) Anschlag
b) Aufschlag
c) Harakiri
d) Selbsttötung
e) Vergiftung
f) Ekstase
g) Attentat

29.

a) Handout
b) Hand-In
c) Hand-Up
d) Hand-Down
e) Footout
f) Ausgabezettel
g) Flugblatt

30.

a) Reiten
b) Gymnastik
c) Schwimmen
d) Fußball
e) Tennis
f) Speerwerfen
g) Ringen

31.

a) Sparbuch
b) Briefmarke
c) Zahlkarte
d) Quittung
e) Aktie
f) Pfandbrief
g) Wechsel

32.

a) Epoche
b) Warnung
c) Burg
d) Frieden
e) Zeitung
f) Schule
g) Steinzeit

33.

a) Mütze
b) Eis
c) Kälte
d) Auto
e) Taschenuhr
f) Strumpf
g) Winter

34.

a) Kleiderschrank
b) Reißverschluss
c) Bank
d) Türriegel
e) Kleidungsstück
f) Fensterscheibe
g) Schlüsselbund

35.

a) Dose
b) Rad
c) Kreis
d) Knopfloch
e) Knoten
f) Stöpsel
g) Deckel

36.

a) Kunstwerk
b) Zelt
c) Lied
d) Ruine
e) Stein
f) Rüstung
g) Torso

37.

a) Kinderlähmung
b) Diabetes
c) Skorbut
d) Tod
e) Fieber
f) Krebs
g) Rachitis

38.

a) Schiff
b) Kreis
c) Silo
d) Bank
e) Haus
f) Tresor
g) Werkstatt

39.

a) Loch
b) Stein
c) Höhle
d) Bau
e) Allee
f) Café
g) Garten

40.

a) Rettich
b) Cousine
c) fetter
d) dünner
e) Base
f) Säure
g) Lauge

Lösungen Seite 194

Sprachanalogien

Aufgabe ist es, aus vorgegebenen Lösungsvorschlägen das Wort auszuwählen, das ein fehlendes Element in einer Wortgleichung sinnvoll ergänzt. Oder anders ausgedrückt: Drei Wörter sind vorgegeben, bei denen zwischen dem ersten und zweiten, manchmal aber auch erst zum dritten, eine gewisse Beziehung besteht. Aufgabe ist es, zwischen dem dritten und einem allein passenden Wahl- und Lösungswort eine ähnliche Beziehung herzustellen.

Erstes Beispiel:
Dach verhält sich zu Keller wie Decke zu ...?
a) Teppich b) Leuchter c) Wand d) Boden e) Gardine

Lösung: d

Zweites Beispiel:
Gerade / Viereck = Kurve / ???
a) Fläche b) Kugel c) Quadrat d) Laufbahn e) Kreis

Lösung: e
nicht etwa Kugel, da zweidimensional

Ein letztes Beispiel:
Tag / Nacht = Sonne / ???
a) Sterne b) Himmel c) Mond d) Eule e) schwarz

Lösung: c
Tagsüber scheint die Sonne und nachts scheint der Mond (abgesehen von Neumond und Sonnenfinsternis). Somit verhält sich Tag zu Nacht wie Sonne zu Mond.

15 Minuten!

Für die folgenden 41 Aufgaben haben Sie 15 Minuten Bearbeitungszeit.

1.
riesig / gigantisch = winzig / ???
a) klitzeklein b) kleinlich c) nicht groß d) halbvoll e) kleinkariert

2.
Huhn / Ei = Kaviar / ???
a) Lärm b) Stör c) Ruh d) Wucher e) Feinkost

3.
Erosion / Wind = Korrosion / ???
a) Milch b) Bier c) Wein d) Wasser e) Apfelkorn

4.
Anfänger / Profi = Hühnerdieb / ???
a) Schwager b) Enkel c) Pate d) Tochter e) Pfarrer

5.
Entzug / Gewöhnung = Wegnahme / ???
a) Hingabe b) Aufgabe c) Teilung d) Gabe e) Begabung

6.
Egoismus / Altruismus = Selbstlosigkeit / ???
a) Allverbundenheit b) Panentheismus c) Eigennutz d) Nächstenliebe e) unwohl

7.
Rüstzeug / Abrüstung = Demilitarisierung / ???
a) Einrüstung b) Ausrüstung c) Rüstung d) Militär e) Grenzschutz

8.
lokal / global = weltumspannend / ???
a) Restaurant b) Gasthaus c) Herberge d) irden e) örtlich

9.
bezeichnend / beschreibend = deskriptiv / ???
a) entzückend b) verzerrend c) real d) charakteristisch e) Indikativ

10.
Orchester / Dirigent = Schiff / ???
a) Solist b) Matrose c) Steuermann d) Kapitän e) Admiral

11.

ROM / RAM = Langzeitgedächtnis / ???

a) Festplatte b) CPU c) Hauptspeicher d) Kurzzeitgedächtnis e) Alzheimer

12.

Tür / Tor = Kapelle / ???

a) Streichorchester b) Band c) Kathedrale d) Musik e) Krypta

13.

Glas / Scheibe = Holz / ???

a) Stab b) Säge c) Fräse d) Feile e) Platte

14.

Notebook / Laptop = sinngleich / ???

a) homonym b) synonym c) homophon d) hormonell e) synophon

15.

mikro / mega = winzig / ???

a) klein b) groß c) riesig d) pico e) piccolo

16.

Vorspeise / Nachspeise = Epilog / ???

a) Hauptgericht b) Dialog c) Prolog d) Monolog e) Mahlzeit

17.

Altertum / Moderne = Antike / ???

a) Neuzeit b) Fossil c) morgen d) gestern e) Mode

18.

Niedertracht / Kreatur = Geschöpf / ???

a) Allgemeinheit b) Frechheit c) Unverschämtheit d) Fiesheit e) Freiheit

19.

Ameise / Fressfeind = Ameisenbär / ???

a) Arbeitstier b) Lebewesen c) Bär d) Beutetier e) Raubtier

20.
beleuchten / verdunkeln = dimmen / ???
a) trimmen b) strahlen c) dämmen d) illuminieren e) illustrieren

21.
Plastik / Natur = natürlich / ???
a) real b) synthetisch c) ästhetisch d) pathetisch e) kunstvoll

22.
Schlüssel / Schloss = Burg / ???
a) Ritter b) Wassergraben c) Zugbrücke d) Wächter e) Schutzwall

23.
Hochhaus / Stahlträger = Leiter / ???
a) Sprosse b) Holm c) Halm d) Gerüst e) Geländer

24.
Rückzug / Flucht = Angst / ???
a) Furcht b) Sorge c) Panik d) Zweifel e) Kummer

25.
Stich / Schnitt = Furche / ???
a) Loch b) Ritze c) Kuhle d) Acker e) Rübenbeet

26.
diesseits / jenseits = Himmel / ???
a) Hölle b) Erde c) Engel d) Menschen e) Paradies

27.
Töpfer / Topf = Hufschmied / ???
a) Pferd b) Hufe c) Hufeisen d) Zaum e) Gusseisen

28.
Fleisch / Protein = Schwarzbrot / ???
a) Schwäche b) Kraft c) Stärke d) Glucose e) Dextrose

29.
Gebrauchsanweisung / Kurzgeschichte = Roman / ???
a) Gedicht b) Novelle c) Minnesang d) Akrobatik e) Sachbuch

30.
Dublette / Original = Erstauflage / ???
a) Tablette b) Pastille c) Vordruck d) Nachdruck e) Abdruck

31.
Federkiel / Kugelschreiber = Breitschwert / ???
a) Donnerkeil b) Bleistift c) Pfeil und Bogen d) Pistole e) Wurfaxt

32.
Baum / Krone = Bauarbeiter / ???
a) Baustelle b) Bier c) Helm d) Arbeit e) Wurzel

33.
Zäsur / Revolution = Umschwung / ???
a) Ausschnitt b) Einschnitt c) Durchschnitt d) Krawall e) Anarchie

34.
Zensur / Leistung = Geschwindigkeit / ???
a) Tacho b) Bewertung c) Note d) Tempo e) Lehrer

35.
Perfektion / Provisorium = Übergangslösung / ???
a) Lösung b) Notlage c) Kompromiss d) Vollkommenheit
e) makellos

36.
Aufgabe / Eingabe = beantragen / ???
a) aufgeben b) angeben c) vorschlagen d) abgeben e) beauftragen

37.
Baum / Rinde = Käfer / ???
a) Schale b) Hülle c) Panzer d) Artillerie e) Schutz

38.

Kreis / Kugel = 3D / ???

a) 2E b) 4C c) 5E d) R2 e) 2D

39.

volljährig / mündig = unmündig / ???

a) kindisch b) füßig c) händisch d) minderjährig e) unmöglich

40.

Heizung / Wärme = Eistruhe / ???

a) Erfrischung b) Winter c) Kälte d) Hitze e) Eisblock

41.

Schlange / Giftzahn = Stachel / ???

a) Gift b) Skorpion c) Tod d) Gefahr e) stechen

Lösungen Seite 198

Unmöglichkeiten

Es werden sechs Behauptungen aufgestellt. Davon sind entweder fünf inhaltlich richtig und nur eine falsch, oder umgekehrt, fünf sind falsch und nur eine ist inhaltlich richtig. Ihre Aufgabe ist es, die eine richtige oder die eine falsche Behauptung herauszufinden.

Beispiel:

Unmöglich ist es, dass ein Zebra ...

a) kleiner ist als ein Pferd
b) kariert gestreift ist
c) in einem Stall lebt
d) als Reittier dient
e) Gras frisst
f) traben kann

Lösung: b

Als einzige Antwort ist diese Aussage inhaltlich korrekt. Alle anderen Aussagen sind inhaltlich falsch, denn es ist z. B. sehr wohl möglich, dass ein Zebra kleiner ist als ein Pferd oder dass es in einem Stall lebt oder dass es Gras frisst.

Zweites Beispiel:

Es ist völlig unmöglich, dass ein Huhn ...

a) gackert
b) Eier legt
c) Milch gibt
d) Körner pickt
e) lange lebt
f) Federn hat

Lösung: c

Dieser Satz ist als einziger inhaltlich korrekt. Ein Huhn ist schließlich keine Kuh oder Ziege.

Ein drittes Beispiel:
Es ist völlig unmöglich, dass ein Kaninchen ...
- a) einen dicken Pelzmantel trägt
- b) drei Ohren hat
- c) Pech und Schwefel spuckt
- d) eine Tonne wiegt
- e) sprechen kann
- f) zwei Augen hat

Lösung: f
Hier ist f die einzige inhaltlich falsche Aussage, es ist nämlich nicht unmöglich, dass ein Kaninchen zwei Augen hat! Alle anderen Aussagen sind hier inhaltlich korrekt. Also ist hier f die Lösung (siehe noch mal Aufgabenstellung).

10 Minuten!

Für die folgenden 12 Aufgaben haben Sie 10 Minuten Bearbeitungszeit.

1. Unmöglich ist es, dass ein Muskel
- a) Energie verbraucht
- b) kontrahiert
- c) sich bewegt
- d) sich beim Kontrahieren verlängert
- e) der Bewegung dient
- f) wächst

2. Unmöglich kann man im Kino
- a) schlafen
- b) streiten
- c) telefonieren
- d) mehrere Sitze belegen
- e) Fotos machen
- f) lautlos leise sein

3. Unmöglich kann ein Schütze
a) mit Pfeil und Bogen schießen
b) mit zwei Pfeilen in ein Ziel treffen
c) mit einem Pfeil in zwei Ziele treffen
d) vor Turnierbeginn gewinnen
e) sich selbst treffen
f) sich selbst übertreffen

4. Unmöglich ist es, dass ein Atomkraftwerk
a) einen Unfall hat
b) abgeschaltet wird
c) renoviert werden muss
d) preiswert Strom produziert
e) ohne Sicherheitsauflagen ans Netz geht
f) Ziel eines terroristischen Anschlages wird

5. Unmöglich kann man mit einer Klappe
a) zwei Fliegen schlagen
b) vier Mücken schlagen
c) ungezogene Kinder schlagen
d) einen Einbrecher schlagen
e) einen ganzen Hornissenschwarm auf einmal erschlagen
f) Regisseur werden

6. Unmöglich kann ein Frosch
a) quaken
b) hüpfen
c) sich in einen Prinzen verwandeln
d) einen weißen Bauch haben
e) grün sein
f) glitschig sein

7. Ein Lautsprecher kann unmöglich
a) laut sprechen
b) leise sprechen
c) flüstern
d) nuscheln
e) tuscheln
f) explodieren

8. Elektrischer Strom kann auf keinen Fall

a) ein Auto antreiben
b) einen Glühlampenfaden verglühen lassen
c) in Wärme umgewandelt werden
d) in Gas umgewandelt werden
e) einen Menschen töten
f) gespeichert werden

9. Ein Gartenzaun kann unmöglich

a) gestrichen werden
b) geleimt werden
c) geölt werden
d) geschliffen werden
e) gelobt werden
f) gestört werden

10. Ein Kilo Federn ist unmöglich

a) so schwer wie ein Kilo Kürbiskerne
b) leichter als ein Pfund Wackersteine
c) so schwer wie 1000 ml Eiscreme
d) schwerer als 3 Zentner Mehl
e) leichter als 500g Schinken
f) leichter als 100g Salami

11. Eine Messingschraube kann unmöglich

a) in das vorgesehene Loch passen
b) aus Eisen sein
c) rosten
d) bei Minusgraden verglühen
e) auf der Wasseroberfläche schwimmen
f) schweben

12. Neuland kann unmöglich

a) Lebewesen aufweisen
b) erkundet sein
c) Vegetation aufweisen
d) einen neuen Lebensraum darstellen
e) betreten werden
f) zerstört werden

Lösungen Seite 202

Schlussfolgerungen

Beantworten Sie die folgenden Fragen nur unter Berücksichtigung der Informationen, die Sie bekommen.
Es kann bei diesen Aufgaben (gemeinerweise) auch vorkommen, dass keine eindeutige Aussage möglich ist.

Erstes Beispiel:
Welches Auto ist am schnellsten?
Auto A ist langsamer als Auto C.
Auto D ist langsamer als Auto B, aber schneller als Auto C.

Lösung:
A < C ~ Auto B ist am schnellsten.
Erklärung: 1. Aussage: A < C ~ A ist kleiner/langsamer als C. 2. Aussage: C< D < B. Daraus folgt: A < C< D < B ~ Auto B ist am schnellsten.

Zweites Beispiel:
Welche Lampe ist die hellste?
Lampe A ist dunkler als Lampe B.
B ist heller als C.
C ist gleich hell wie D.
B ist heller als D.
D ist heller als A.

Lösung:
Lampe B ist die hellste.
A < B; C < B; C = D; D < B und A < D, also: A < D (= C) < B

20 Minuten! Für 10 Aufgaben haben Sie 20 Minuten Bearbeitungszeit.

1. Streichhölzer

Streichholz A ist kürzer als Streichholz B.
Streichholz C ist nur ein winziges Stückchen länger als Streichholz A, aber an Streichholz B kommt es längenmäßig nicht heran.

Welches ist das kürzeste Streichholz?

a) Streichholz A
b) Streichholz B
c) Streichholz C
d) leider nicht eindeutig zu bestimmen

2. Gute Aussichten

Tobias hätte gute Chancen bei Anna, wenn es Richard nicht gäbe. Klaus ist total in Anna verliebt und bringt ihr immer Blumen mit, doch Anna mag ihn nicht so sehr wie Tobias. Manchmal trifft Klaus im Blumenladen Benni an, der noch bessere Chancen bei ihr hat als Richard. Benni mag Richard, Richard Benni nicht.

Wer hat die besten Chancen bei Anna?

a) Tobias
b) Richard
c) Klaus
d) Benni
e) keiner, weil keine eindeutige Aussage möglich ist

3. Ärzte ohne Ahnung

Am wenigsten Ahnung hätte Allgemeinmediziner Dr. Tunichtgut, wenn es den Internisten Dr. Hoffnungslos und den Chirurgen Dr. Schneidauf nicht gäbe. Dr. Hoffnungslos wäre viel lieber Lokführer geworden, kann den Patienten mit seinem Wissen jedoch immer noch fast so gut helfen wie Dr. Schneidauf, der zwar schlechter ist als Dr. Tunichtgut, aber nicht besser als der Psychiater Dr. Redeviel, welcher zwar deutlich jünger, aber nicht schlechter als Dr. Hoffnungslos ist.

Welcher Arzt hat am wenigsten Ahnung?

a) Dr. Tunichtgut b) Dr. Hoffnungslos
c) Dr. Schneidauf d) Dr. Redeviel
e) keine Lösung möglich, weil alle sehr schlechte Ärzte sind

4. Kleiner Schreihals

Der kleine Tom brüllt fast die ganze Nacht und hält Papa und Mama wach. Baby Susanne brüllt nur, wenn sie Hunger hat, aber sie hat ziemlich oft Hunger. Jedoch brüllt sie etwas weniger als Klein-Benjamin, aber deutlich mehr als die niedliche Sofia. Es kam schon vor, dass Baby Susanne ihre Eltern die ganze Nacht durch ihr Geschrei wach gehalten hat. Aber das kommt selten vor, viel seltener als bei Rafael, der wirklich jede Nacht stundenlang brüllt. Sein Geschrei ist in etwa so schlimm wie das von Tom.

Welches Baby brüllt am längsten?

- a) Tom
- b) Susanne
- c) Sofia
- d) Rafael
- e) Benjamin
- f) keines, weil keine eindeutige Aussage möglich ist

5. Sportlich

Max ist ein guter Sportler, aber im Vergleich zu Moritz deutlich schlechter. Wilhelm ist zwar besser als Max, aber schlechter als Gottlieb, welcher in etwa so gut ist wie Moritz. Gottliebs Bruder Godehart ist so gut wie Helmbrecht, welcher schlechter als Max ist.

Wer ist der beste/sind die besten Sportler?

- a) Max und Moritz
- b) Helmbrecht
- c) Helmbrecht und Godehart
- d) Gottlieb und Godehart
- e) Moritz und Godehart
- f) Theodor und Ignaz
- g) Gottlieb und Moritz
- h) Wilhelm und Gottlieb
- i) keiner, weil keine eindeutige Aussage möglich ist

6. Hafenlast

Container 59 ist so schwer wie Container 98, jedoch ist Container 63 leichter als Container 59, welcher wiederum leichter ist als Container 04. Dieser Container ist blau und wurde nachts in Amsterdam verladen. Container 63 ist ja schon schwer, aber Container 42 erst recht, der zwar leichter ist als Container 36, aber gegen Container 04 sehr schwer ist. Was da drin ist, wissen die wenigsten.

Welcher Container ist/welche Container sind am schwersten?

a) Container 63 b) Container 36
c) Container 59 d) Container 59/98
e) Container 04/42 f) Container 94
g) Container 42 h) keine eindeutige Aussage möglich

7. Mut zur Lücke

Gabi kann mit ihrem Auto auch in die kleinsten Lücken einparken. Klaus neidet ihr das sehr, denn obwohl er besser ist als Angelika, kann er das nicht. Angelika ist schon ziemlich gut im Einparken, verglichen mit ihrem Mann Herbert. Klaus ist mit Gabi verheiratet und hat ihr das Einparken beigebracht.

Wer kann am besten einparken?

a) keine Lösung möglich b) Gabi c) Klaus
d) Angelika e) Herbert

8. Hungrige Meute

Sieben junge Männer haben den ganzen Tag lang nichts gegessen, weil sie abends zu einem All-you-can-eat-Buffet eingeladen sind. Gustav hat großen Hunger, noch viel mehr als Peter, jedoch weniger als Hennebert. Klaus hat mehr Hunger als Dietrich und weniger Hunger als Gustav. Fridolin ist ein wahrer Vielfraß und hat sich vorgenommen, heute mindestens 5 Teller zu essen. Er hat weniger Hunger als Waldemar, jedoch etwas mehr als Klaus und Hennebert.

Wer hat den größten Appetit?

a) Hennebert b) Fridolin c) Waldemar
d) Peter e) Gustav f) Klaus
g) Dietrich h) keine Lösung möglich

9. Bummelbahn

Der Zug nach Hamburg hat fast so lange Verspätung wie der Zug nach Leipzig. Der Zug nach Ulm hat zwar weniger Verspätung als der Zug nach Stuttgart, aber schön ist das trotzdem nicht. Der Zug nach München hat sogar noch mehr Verspätung als der Zug nach Leipzig, aber an die Verspätung des Zuges nach Ulm kommt er nicht heran. Wenn es da den Zug nach Köln nicht gäbe, der noch eine Stunde mehr Verspätung hat als der Zug nach Stuttgart. Dafür gibt es aber einen Kaffee umsonst.

Welcher Zug hat die drittlängste Verspätung?

a) der Zug nach Köln
b) der Zug nach München
c) der Zug nach Ulm
d) der Zug nach Hamburg
e) der Zug nach Leipzig
f) der Zug nach Stuttgart
g) keine Lösung möglich

10. Nur gute Schüler

Paul wäre der beste Schüler, wenn Robert nicht wäre. Friederike und Simone haben immer die gleichen Noten. Anna ist nicht besser als Simone. Friederike ist ein bisschen besser als Anna.

Wer ist der/die schlechteste Schüler/in?

a) keine Lösung möglich
b) Friederike und Simone
c) Robert
d) Paul
e) Anna

Lösungen Seite 203

Absurde Schlussfolgerungen 1

Jetzt geht es darum zu überprüfen, ob Schlussfolgerungen, die aufgrund bestimmter Behauptungen gezogen werden, formal richtig oder falsch sind. Die »reale Wirklichkeit« so wie Sie sie kennen, spielt dabei überhaupt keine Rolle, was die Sache erheblich erschwert und – wie so oft in Logik-Tests – Verwirrung stiftet.

Beispiel:
Alle Schnecken haben Häuser. Alle Häuser haben Schornsteine.
Schlussfolgerung: Deshalb haben alle Schnecken Schornsteine.

a) stimmt
b) stimmt nicht

Lösung: a

Zweites Beispiel:
Alle Schnecken sind Marathonläufer. Alle Marathonläufer können fliegen, weil sie Fische sind. Fische haben zwei Beine.
Schlussfolgerung: Alle Schnecken haben zwei Beine.

a) stimmt
b) stimmt nicht

Lösung: a

Drittes Beispiel:
Alle Mäuse essen Fisch. Fisch kann miauen. Also: Mäuse können miauen.

a) stimmt
b) stimmt nicht

Lösung: b
Erklärung: »Essen« und »können« ist nicht das Gleiche. Es gibt Menschen, die zwar Fisch essen, aber deshalb noch lange nicht wie Fische schwimmen können!

15 Minuten! Für die folgenden 10 Aufgaben haben Sie 15 Minuten Zeit.

1. Mancher Humor ist trocken. Mancher Wein ist auch trocken. Behauptung: Humor ist wie Wein.

a) stimmt
b) stimmt nicht

2. Die Leere ist voll. Was voll ist, ist leer. Behauptung: Die Fülle ist leer.

a) stimmt
b) stimmt nicht

3. Manche Vögel brüten unter Wasser. Unter Wasser brüten auch Flugzeuge. Behauptung: Manche Vögel sind keine Flugzeuge.

a) stimmt
b) stimmt nicht

4. Die Luft ist kalt weil sie grün ist. Was grün ist, kann nicht sein. Behauptung: Luft kann nicht sein.

a) stimmt
b) stimmt nicht

5. Rosen brauchen Fernseher zum Duften. Wer fernsieht, kann keine Rose sein. Behauptung: Rosen können keine Rosen sein.

a) stimmt
b) stimmt nicht

6. Saxophone sprechen Griechisch. Wer Griechisch spricht, kann fast immer mit den Fischen fliegen.
Behauptung: Saxophone können mit den Fischen fliegen.

a) stimmt
b) stimmt nicht

7. Das Einkommen geht raus, weil es nie drinnen war. Was rausgeht, will entkommen. Wer entkommen ist, ist ein Flüchtling. Behauptung: Das Einkommen ist ein Flüchtling.

a) stimmt
b) stimmt nicht

8. Alle Korkenzieher leuchten schwarz. Was schwarz leuchtet, kommt nicht aus dem Norden. Was nicht aus dem Norden kommt, ist aus der Regentonne.
Behauptung: Alle Korkenzieher kommen aus der Regentonne.

a) stimmt
b) stimmt nicht

9. Die letzten 340 Jahre haben die Steckdosen für uns Mäntel genäht. Was uns einen Mantel näht, hat nur 3 Tassen auf der Leine. Was drei Tassen auf der Leine hat, ist eine Prinzessin. Behauptung: Vielleicht ist nicht jede Steckdose eine Prinzessin.

a) stimmt
b) stimmt nicht

10. Bücher können schreiben, aber nicht lesen. Bleistifte können lesen, aber nicht schreiben. Brillen können lesen und schreiben.
Behauptung: Brillen sind intelligenter als Bücher und Bleistifte.

a) stimmt
b) stimmt nicht

Lösung Seite 205

Absurde Schlussfolgerungen 2

Beurteilen Sie jede einzelne Aussage (a–g) auf ihre Richtigkeit. Schreiben Sie vor die Aussage ein »s« (für: stimmt), wenn Sie die Aussage für richtig halten. Schreiben Sie vor die Aussage ein »sn« (für: stimmt nicht), wenn die Aussage Ihrer Meinung nach falsch ist.
Nehmen Sie nichts als gegeben, außer die im Aufgabentext genannten Zusammenhänge.

20 Minuten!

Für diesen Teil haben Sie 20 Minuten Bearbeitungszeit.

11. Alle Rosen sind Hosen, und kaum Hosen sind keine Dosen. Dosen kann man anziehen und Hosen sind essbar. Rosen können alles, was Hosen und Dosen können wollen.

a) Eine Hose ist eine Dose ist eine Rose.
b) Eine Dose, die eine Hose ist, ist eine Rose.
c) Eine Hose ist noch keine Dose, nur weil sie eine Rose ist.
d) Was keine Hose ist, kann auch keine Rose sein.
e) Wenn Hosen schmecken wollen, dann schmecken Rosen.
f) Wenn Rosen laufen, dann wollen Dosen laufen.
g) Vielleicht gibt es Hosen tragende, Dosen essende Rosen.

12. Das Giftgelb schimmert nachts im Grünen recht blau. Es konvergiert abends gegen den Wert lila. Doch wenn man es im Morgengrün belichtet, wird es leicht rosa.

a) Bevor das Giftgelb rosa wird, war es nicht lila.
b) Giftgelb ist weder nachts noch tagsüber gelb.
c) Ohne Belichtung wird Giftgelb im Morgengrün nicht rosa.
d) Giftgelb schimmert folglich tagsüber im Blauen recht grün.
e) Ohne Giftgelb gibt es auch kein Schimmern.
f) Es gibt nachts und abends verschiedene Farben zu betrachten.
g) So richtig rosa wird das Giftgelb auch im Morgengrün nicht.

13. Streichhölzer sind aus Thunfisch, weil dieser nach Baumrinde schmeckt. Was nach Baumrinde schmeckt, arbeitet in der Südsee. Was in der Südsee arbeitet, ist fast immer ein Rennrodler.

a) Viele Rennrodler schmecken nach Baumrinde.
b) Thunfisch schmeckt nach Baumrinde.
c) Was aus Baumrinde ist, kann ein Rennrodler sein.
d) Was in der Südsee arbeitet, ist ein Rennrodler.
e) Baumrinde schmeckt nach Thunfisch.
f) Baumrinde arbeitet in der Südsee.
g) Thunfisch kann schwimmen und ist aus Streichholz.

Lösungen Seite 206

Absurde Schlussfolgerungen 3

Auch hier beurteilen Sie bitte jede einzelne Aussage nach ihrer Richtigkeit. Schreiben Sie vor die Lösungen ein »r« (richtig), wenn Sie die Aussage für richtig halten. Schreiben Sie vor die Lösung ein »f« (falsch), wenn die Aussage Ihrer Meinung nach falsch ist.
Nehmen Sie nichts als gegeben, außer die im Aufgabentext genannten Zusammenhänge.

15 Minuten!

Für diesen Teil haben Sie 15 Minuten Bearbeitungszeit.

14. Zahnpasta beißt, weil sie aus Holz ist. Mayonnaise beißt nicht, weil sie dämlich grinst. Manche Menschen grinsen und beißen.

a) Menschen sind entweder aus Zahnpasta oder aus Mayonnaise.
b) Zahnpasta ist aus Holz.
c) Mayonnaise beißt, wenn sie nicht grinst.
d) Wäre Zahnpasta aus Mayonnaise gemacht, würde sie nicht beißen.
e) Mayonnaise grinst und beißt nicht.
f) Es gibt Menschen die grinsen können.

15. Alle Tabletten sind Häuser, weil sie stinken. Was stinkt, ist verlassen. Was verlassen ist, ist manchmal obdachlos.

a) Es gibt obdachlose Tabletten.
b) Es gibt keine obdachlosen Tabletten.
c) Manche Tabletten sind obdachlos, weil sie verlassen sind.
d) Was verlassen ist, stinkt.
e) Was stinkt, ist ein Haus.
f) Manche Häuser sind Tabletten.

16. Alle Zitronen sind Melonen, weil sie krank sind. Was krank ist, ist oftmals eine Orange. Wenige Orangen arbeiten im Zirkus.

a) Sehr wenige Zitronen arbeiten im Zirkus.
b) Manche Melonen sind Zitronen.
c) Was krank ist, ist eine Zitrone.
d) Was krank ist, ist vielleicht keine Melone.
e) Was eine Orange ist, verdient Geld.
f) Orangen müssen hart arbeiten.

Lösungen Seite 207

Text-Schlussfolgerungen

Welche der Schlussfolgerungen ergeben sich Ihrer Meinung nach aus dem Text, ohne dass Sie Zusatzvermutungen anstellen müssen?
Beachten Sie, dass auch mehrere Aussagen richtig sein können.
Daher müssen Sie jede Aussage genau auf ihren Wahrheitsgehalt überprüfen.

Bitte schreiben Sie vor die Lösung ein »s« (stimmt), wenn Sie die Aussage für richtig halten.
Schreiben Sie vor die Lösung ein »sn« (stimmt nicht), wenn die Aussage Ihrer Meinung nach falsch ist.

Beispiel:
Feststellung: Zwischen der Beantragung eines Kabelanschlusses und der tatsächlichen Ausführung liegt oft eine große Zeitspanne.

Schlussfolgerungen:
- Manchmal kann es bei der Ausführung zu Engpässen kommen, da sehr viele Menschen gleichzeitig einen Kabelanschlussauftrag erteilen.

Lösung: sn = stimmt nicht
- Einige der Antragsteller müssen lange auf ihren Kabelanschluss warten.

Lösung: s = stimmt

Zweites Beispiel:
Feststellung: Die Pferde der deutschen Springreiter sind für die Weltmeisterschaft in bester Form.

Schlussfolgerungen:
- Die Pferde der deutschen Springreiter bekommen sehr hochwertiges Futter, damit sie gute Leistungen bringen.

Lösung: sn = stimmt nicht
- Die deutschen Springreiter haben gute Siegchancen, da ihre Pferde in bester Form sind.

Lösung: s

30 Minuten! Für die folgenden 14 Aussagen haben Sie 30 Minuten Bearbeitungszeit.

1. Im Frühjahr werden mehr Ferienreisen zu Sonnenzielen gebucht als im Herbst oder Winter.

a) Viele Urlauber glauben sich im Sommer besser erholen zu können, als sie dies im Winter im Skiurlaub tun könnten.
b) Es ist auffällig, dass die Häufigkeit, mit der Urlaub zu Sonnenzielen gebucht wird, von der Jahreszeit abhängig ist.
c) Insgesamt haben mehr Menschen Lust, Ferienreisen zu Sonnenzielen zu buchen als zu Winterzielen.
d) Im Sommer wollen mehr Menschen zu Sonnenzielen fliegen als im Winter.

2. Die statistische Häufigkeit von Unfällen im Straßenverkehr steigt jährlich immer wieder an.

a) Das Straßennetz müsste erweitert werden, weil es zu viele Autos gibt.
b) Vor zehn Jahren gab es weniger Unfälle im Straßenverkehr als heute.
c) Der Schaden für das Bruttosozialprodukt wird durch immer mehr Unfälle immer größer.
d) Die Zahl der Autos im Straßenverkehr ist heute größer als vor zehn Jahren.

3. Obwohl die Gefahren von gesundheitlichen Schäden durch Alkohol allen Menschen hinlänglich bekannt sein müssten, steigt der Alkoholkonsum weiter an.

a) Viele der Alkohol trinkenden Menschen glauben den Warnungen der Wissenschaftler nicht.
b) Da Alkoholmissbrauch zu den Suchtkrankheiten zählt, bringen Warnungen keine Besserung.
c) Viele Alkohol trinkende Menschen sterben an Leberschäden.
d) Viele verdrängen mit dem Griff zur Flasche ihre Probleme.

4. Viele Menschen fahren auch kurze Wege mit dem Auto, obwohl sie wissen, dass dann am meisten Abgase entstehen, der Kraftstoffverbrauch am höchsten ist und die Umwelt am stärksten geschädigt wird.

a) Viele Menschen haben kein Interesse an einer sauberen Umwelt.
b) Hoher Kraftstoffverbrauch bedeutet hohe Umweltbelastungen.
c) Autofahrer brauchen sich über die Umwelt keine Gedanken zu machen, da sie Kraftfahrzeugsteuern zahlen.
d) Kurze Wege mit dem Auto zurückzulegen belastet die Umwelt.

5. Die Frankfurter Buchmesse zieht jedes Jahr viele Millionen Besucher aus aller Welt an.

a) Die Frankfurter Buchmesse ist qualitativ sehr gut, da sie viele Besucher hat.
b) Viele Menschen reisen pro Jahr nach Frankfurt, um die Buchmesse zu besuchen.
c) Wenn in Frankfurt die Buchmesse stattfindet, ist auf den umliegenden Autobahnen meistens Stau.
d) Auf die Frankfurter Buchmesse zieht es immer wieder sehr viele Besucher.

6. Bei einem Plattenpanzer handelt es sich um eine Rüstung, die aus massiven Metallplatten gefertigt ist und deren Form den zu schützenden Körperteilen angepasst ist. Plattenpanzer, die einen Großteil des Körpers schützen, hatten im Westeuropa des 14. Jahrhunderts ihren Ursprung und wurden bis ins 17. Jahrhundert hinein verwandt.

a) Plattenpanzer sind vergleichbar mit Harnischen.
b) Plattenpanzer weisen aufgrund ihrer massiven Metallplatten ein hohes Gewicht auf.
c) Plattenpanzer kamen gegen Ende des 14. Jahrhunderts in Westeuropa auf.
d) Im Jahr 1734 wurden Plattenpanzer theoretisch auch noch verwandt.

7. Die Shang-Dynastie ist von einem Stammesführer begründet worden, welcher mit Erfolg gegen den letzten Xia-Herrscher rebelliert hat. Seine Hauptstadt hieß Háo und befand sich vermutlich in der heutigen Shandong-Provinz. Jedoch sprechen spätere Quellen dafür, dass die Shang-Herrscher insgesamt bis zu sechs Mal ihre Hauptstadt verlagert haben. Das letzte Mal unter König Pán Gēng nach Yin.

a) In der Shang-Dynastie gab es neben Kaisern auch Könige.
b) Der letzte Xia-Herrscher lebte in Háo.
c) Die Shang-Herrscher liebten es, umzuziehen.
d) Der letzte Königssitz der Shang-Dynastie hieß Yin.

8. Bei Porzellan handelt es sich um Tonzeug, das aus einer speziellen Tonsorte, nämlich Kaolin, sowie Quarz und Feldspat besteht. Diese Bestandteile sind im Verhältnis 50 zu 25 zu 25 im Porzellan anzutreffen. Ein anderer Name für Porzellan lautet Weißes Gold.

a) Bei Tonzeug handelt es sich um Porzellan.
b) Nicht aus jeder Tonsorte kann man Porzellan machen.
c) Man benötigt zur Porzellanherstellung mehr als Kaolin.
d) Weißes Gold ist ein Synonym für Porzellan.

9. Brandy ist die englische Bezeichnung für Branntwein, während es sich bei Cognac um französischen Weinbrand handelt, der ausschließlich aus Weinen des Anbaugebiets Cognac bestehen darf. Diese Bestimmung geht auf den Versailler Vertrag von 1919 zurück. Weinbrand ist ebenfalls eine geschützte Bezeichnung für deutschen Qualitätsbranntwein.

a) Französischer Weinbrand kommt immer aus Cognac.
b) Im Versailler Vertrag ging es auch um Getränke.
c) Laut Versailler Vertrag darf nur Branntwein aus Deutschland Weinbrand heißen.
d) Englischer Branntwein wird Brandy genannt.

10. Das ordentliche Ergebnis eines Unternehmens wird auch als Betriebserfolg bezeichnet und beschreibt die Differenz aus betriebsbedingten Erträgen (Zweckertrag) sowie betriebsbedingten Aufwendungen (Zweckaufwand). Zu den betriebsbedingten Erträgen und Aufwendungen gehören alle Erfolgskomponenten, die mit der betrieblichen Leistungserstellung in unmittelbarem Zusammenhang stehen.

a) Erfolgskomponenten stehen mit der betrieblichen Leistungserstellung in unmittelbarem Zusammenhang.
b) Aufwendungen werden in einem gewissen Kontext auch als Zweckaufwand bezeichnet.
c) Der Betriebserfolg beschreibt allgemein gesagt die Differenz zwischen Aufwendungen und Erträgen.
d) Erfolgskomponenten gehören zu den betriebsbedingten Aufwendungen und Erträgen.

11. Zum Beruf eines Systemberaters gehört es, dem Kunden eine individuell auf seine Bedürfnisse abgestimmte Hard- und Softwarelösung zu verkaufen. Dazu muss der Systemberater zunächst die bestehenden Strukturen analysieren und an defizitären Stellen Verbesserungsvorschläge machen und diese mit seinem Auftraggeber abstimmen, welcher letztendlich über das Ausmaß der Umsetzung der neuen IT-Strukturen entscheidet.

a) Ein Systemberater sollte Freude am Beraten und Verkaufen haben.
b) Ein Systemberater sollte über ein gewisses analytisches Talent verfügen.
c) Ein Systemberater muss zunächst die bestehende IT-Infrastruktur analysieren.
d) Der Systemberater entscheidet über das Ausmaß der Umsetzung seiner Pläne.

12. Deutschlands Kliniken setzen jährlich ca. 50 Milliarden Euro um. Bei den Krankenhäusern handelt es sich hauptsächlich um Großbetriebe mit mehr als 1000 Beschäftigten. Sie erzielen jeweils einen Jahresumsatz von schätzungsweise 50 bis 75 Millionen Euro.

a) Es gibt in Deutschland keine kleinen Krankenhäuser mehr.
b) Kein Großkrankenhaus hat weniger als 50 Millionen Euro Umsatz im Jahr.

c) Alle deutschen Krankenhäuser erzielen ca. 50 bis 75 Mio. Euro Umsatz pro Jahr.
d) Ein Krankenhaus mit 400 Euro Gewinn im Jahr kann kein Großkrankenhaus sein.

13. Stockholm ist seit 1683 ständige Hauptstadt des Königreichs Schweden und liegt an der Mündung des Mälaren in die Ostsee. Obwohl die Stadt selbst nur knapp 700.000 Einwohner zählt, leben im Großraum Stockholm über 5 Millionen Menschen. Stockholm erstreckt sich über mehrere Inseln, wobei der älteste Kern der Stadt auf der Insel Stadsholmen liegt.

a) Seit dem 16. Jahrhundert ist Stockholm ständige Hauptstadt des Königreichs Schweden.
b) Die meisten Schweden leben im Großraum von Stockholm.
c) Stockholm ist auf mehreren Inseln erbaut worden.
d) Die Stadsholmen ist die älteste Insel von Stockholm.

14. Albert Schweitzer ist am 14. Januar 1875 in Kaysersberg im Oberelsass geboren. Nach seinem Studium der Theologie und Philosophie wird er Dozent für Theologie an der Universität Straßburg. Mit 30 Jahren beschließt er, Medizin zu studieren, um als Arzt im christlichen Sinne Menschen helfen zu können. 1913 gründet er im heutigen Gabun ein Urwaldspital. Zu seinen besonderen Verdiensten gehören langjährige Entwicklungshilfe in Afrika, frühes Engagement gegen den Nationalsozialismus und später gegen Atomtests und atomare Rüstung. Im Laufe seines Lebens werden ihm für seine Arbeit zahlreiche Preise, unter anderem der Friedensnobelpreis, verliehen. Am 4. September 1965 stirbt er in Gabun.

a) Albert Schweitzer ist politisch engagiert gewesen.
b) Albert Schweitzer ist ein Nobelpreisträger.
c) Albert Schweitzer ist am 4. September 1965 in Gabun im Kreise seiner Familie gestorben.
d) An der Universität Straßburg lehrt Schweitzer nach abgeschlossenem Studium Theologie und Philosophie.

Lösungen Seite 209

Textanalyse

Lesen Sie bitte den folgenden Text und versuchen Sie, den Inhalt zu verstehen. Im Anschluss an den Text finden Sie fünf Sätze (a–e), von denen lediglich einer Teilaspekte des Inhalts korrekt wiedergibt. Alle anderen Sätze enthalten inhaltlich etwas anderes, Falsches bzw. neue Informationen, die im Text nicht vorgegeben sind.
Ihre Aufgabe ist es, die eine Aussage herauszufinden, die bestimmte Textinhalte korrekt wiedergibt. Wenn keine der aufgeführten Aussagen korrekte Teilaspekte wiedergibt, dann Lösung f.

Beispiel:
Zu den wichtigsten Entscheidungshilfen für Ihre persönliche Studien- und Berufswahl gehören neben der Information über die sachlichen und rechtlichen Aspekte der Ausbildung und späteren Berufsausübung Informationsschriften, Bücher, Hörfunk- und Fernsehbeiträge sowie das persönliche Gespräch und die Diskussion mit Freunden und Bekannten. In diesem für Sie nicht einfachen Entscheidungsprozess können auch Gruppenmaßnahmen der Berufsberatung sowie der Besuch von Studien- und Bildungsberatungsstellen in Schulen und Hochschulen, bei Beauftragten für Behindertenfragen als auch die Teilnahme an geeigneten Volkshochschulkursen weiterhelfen.

a) Entscheidungsprozesse für oder gegen die Studien- und Berufswahl gehören zu den wichtigsten Schritten im persönlichen Leben eines heranwachsenden Menschen.
b) Auch Hörfunk- und Fernsehsendungen können wichtige Entscheidungshilfen für die persönliche Berufswahl darstellen.
c) Durch Gruppenmaßnahmen der Beauftragten für Behindertenfragen können geeignete Volkshochschulkurse gefunden werden.
d) Der nicht einfache Entscheidungsprozess für die richtige Studienwahl wird besonders durch Freunde und Bekannte entscheidend beeinflusst.
e) Schriftliche Informationsmittel gehören neben anderen Medien sowie dem persönlichen Gespräch unter Freunden zu den wichtigsten Entscheidungshilfen beim Besuch von Studien- und Bildungsberatungsstellen.
f) Keine der Aussagen gibt korrekte Teilaspekte wieder.

Lösung: b.
Nur diese Aussage gibt einen Teilaspekt des Textes richtig wieder.

45 Minuten! Für die folgenden 7 Texte haben Sie 45 Minuten Bearbeitungszeit.

1. Text

Hauptmerkmale des Aufgabenbereichs Bankkaufmann lassen sich unterscheiden in Beratungs- und Verkaufsaktivitäten im kundennahen Bereich sowie in Planung, Organisation und Verwaltung im bankinternen Bereich. Hauptaufgaben des kundennahen Bereichs sind u. a. Kontoführung, Einzahlungsverkehr, Geld- und Kapitalanlage, Auslands- und Kreditgeschäfte sowie die sonstige Beratungs- und Vermittlungstätigkeit beim Handel mit Geld, Devisen und Wertpapieren. Demgegenüber sind die Hauptaufgaben des bankinternen Bereichs durch Organisation automatisierter Datenverarbeitung, Rechnungswesen, Revision sowie Personal- und Ausbildungswesen gekennzeichnet. Nach abgeschlossener Berufsausbildung besteht gegebenenfalls die Möglichkeit, ein berufsbegleitendes Studium an der Bankakademie zu absolvieren, dessen erste Stufe aus einem zweijährigen Lehrgang zur Vorbereitung auf die Prüfung zum Bankfachwirt besteht.

a) Hauptfunktion des kundennahen Tätigkeitsfeldes des Bankkaufmanns ist die Organisation von Datenverarbeitung und Rechnungswesen.
b) Geldgeschäfte durch Devisen und Wertpapiere sind Inhalt des berufsbegleitenden Aufbaustudiums an der Bankakademie.
c) Personal- und Ausbildungswesen gehören ebenso zu den Aufgaben im bankinternen Bereich wie Planung, Organisation und Verwaltung.
d) Die erste berufsbegleitende Stufe der Fortbildung an der Bankakademie beinhaltet die Möglichkeit, nach abgeschlossener Berufsausbildung vorwärtszukommen.
e) Nach abgeschlossener Berufsausbildung als Bankkaufmann hat man die Wahl zwischen zwei Bereichen und Arbeitsschwerpunkten.
f) Keine der Aussagen gibt korrekte Teilaspekte wieder.

2. Text

Die Rückenmuskulatur hat hinsichtlich der Stabilisation und Beweglichkeit der Wirbelsäule im Alltag und beim Sport sowie insbesondere beim Haltungsaufbau eine zentrale Bedeutung. Sie besteht aus vielen kleineren und größeren Muskeln, die in ihrer Gesamtheit als Rückenstrecker bezeichnet werden. Der Rückenstrecker führt vom Hinterhaupt bis zum Becken entlang der Wirbelsäule, wobei er besonders deutlich im Bereich der Lendenwirbelsäule zum Vorschein kommt. Anatomisch und funktionell lassen sich ein medialer und lateraler Trakt unterscheiden. Dem medialen Trakt lassen sich die kurzen Muskeln zuordnen, welche vorwiegend einzelne Wirbel direkt verbinden, während der laterale Trakt vorwiegend die längeren Muskelstränge umfasst.

a) Dem medialen Trakt der Wirbelsäule lassen sich ausschließlich kurze Muskeln zuordnen, welche eine direkte Verbindung zwischen einzelnen Wirbeln herstellen.

b) Dass der Rückenmuskulatur eine essentielle Bedeutung zukommt, wird dadurch manifestiert, dass ihre anatomische und funktionelle Lage für den Haltungsaufbau sowie für sämtliche Bewegungen im Alltag und bei sportlicher Betätigung Verantwortung trägt.

c) Der laterale Trakt der Wirbelsäule umfasst vorwiegend längere Muskelfasern, welche nicht in direkter Verbindung zu einzelnen Wirbeln stehen.

d) Die Rückenmuskulatur wird in obere – untere, äußere – und tiefer liegende Rückenmuskulatur unterteilt, wobei man diese auch als autochthone Rückenmuskulatur bezeichnet.

e) Der Rückenstrecker, welcher vom Hinterkopf entlang der Wirbelsäule bis zum Becken verläuft, zeichnet sich besonders deutlich im Lendenwirbelbereich ab.

f) Keine der Aussagen gibt korrekte Teilaspekte wieder.

3. Text

Das betriebliche Rechnungswesen hat die Aufgabe, einerseits den Unternehmer, andererseits unternehmensfremde Personen über die wirtschaftliche Entwicklung des Unternehmens zu informieren. Im betrieblichen Rechnungswesen wird das Unternehmensgeschehen quantitativ erfasst und zweckdienlich aufbereitet. Man differenziert internes und externes Rechnungswesen. Das interne Rechnungswesen umfasst Kostenrechnung, Statistik, Vergleichsrechnung sowie Planungsrechnung. Das externe Rechnungswesen wird ebenfalls als Finanzbuchhaltung (Abkürzung: FiBu) bezeichnet und erfasst den Abrechnungszeitraum, welcher regelmäßig mit dem Kalenderjahr identisch ist und als Geschäftsjahr definiert wird. Informationen über Höhe und Zusammensetzung von Vermögen sowie Schulden werden in der Bilanz in gestaffelter Form zusammengefasst. Die Ausgestaltung des externen Rechnungswesens ist durch den Gesetzgeber durch umfangreiche Vorschriften geregelt.

a) Der Unternehmer hat die Aufgabe, vom betrieblichen Rechnungswesen über die wirtschaftliche Entwicklung des Unternehmens genauestens informiert zu werden.
b) Die FiBu erfasst das Geschäftsjahr, bei dem es sich um einen periodisch mit dem Kalenderjahr identischen Abrechnungszeitraum handelt.
c) Die Buchhaltung umfasst Kostenrechnung, Statistik, Vergleichsrechnung sowie Investitionsrechnung bzw. -planung.
d) Informationen über Höhe und Art von Vermögen sowie Schulden werden in der Bilanz in gestaffelter Form zusammengefasst, wobei die Ausgestaltung des externen Rechnungswesens durch genaue Vorschriften gesetzlich geregelt ist.
e) Das Rechnungswesen wird ebenfalls als Finanzbuchhaltung bezeichnet und definiert ein Geschäftsjahr, welches mit dem Kalenderjahr übereinstimmt und den Abrechnungszeitraum eines Unternehmens definiert.
f) Keine der Aussagen gibt korrekte Teilaspekte wieder.

4. Text

Bei der Mechanik als einem Teilgebiet der Physik handelt es sich um eine Naturwissenschaft, welche als solche die Natur und deren gesetzmäßigen Zusammenhänge analysiert. Eine wesentliche Aufgabe der Mechanik ist es, die Bewegungsvorgänge von Körpern im Raum sowie die durch die Deformationen gekennzeichneten Beanspruchungen zu beschreiben, die zugrunde liegenden physikalischen Gesetzmäßigkeiten festzustellen und diese dann in der exakten Sprache der Mathematik auszudrücken. Den Bewegungen zugehörig ist ebenfalls der äußerst relevante Sonderfall der Ruhe, welcher einer Bewegung mit einer Geschwindigkeit von 0 entspricht. Wenngleich für den Bauingenieur und Tragwerksplaner von außerordentlicher Bedeutung, stellt dieser Zustand im Maschinenwesen sowie Verkehrswesen lediglich einen untergeordneten Interessenschwerpunkt dar, da in diesen Gebieten die eigentliche Bewegung im Mittelpunkt steht.

a) Der älteste Zweig der Physik ist die Mechanik, welche die physikalischen Vorgänge der Natur analysiert und ihre mathematischen Zusammenhänge in die exakte Sprache der Physik umformuliert.
b) Wenn es ruhig ist, können insbesondere Bauingenieure und Tragwerksplaner ihre komplizierten mathematisch-physikalischen Berechnungen durchführen.
c) Der Sonderfall der Bewegung tritt bei einer Ruhe von 0 ein, d.h. einer gewissen Lautstärke, durch deren Schallwellen sogar die Tragwerksplanung beeinträchtigt ist.
d) In Bauingenieurwesen und Tragwerksplanung ist eine Bewegung mit der Geschwindigkeit »0« von größerer Bedeutung als im Maschinen- und Verkehrswesen.
e) Tragwerksplaner messen dem Zustand der Ruhe eine große Bedeutung zu, die von ihren Kollegen im Bereich Maschinenwesen und Verkehrswesen nicht als bedeutsam erachtet wird.
f) Keine der Aussagen gibt korrekte Teilaspekte wieder.

5. Text

Inkontinenz ist ein keinesfalls seltenes Problem, denn ca. 25 – 30 % aller Frauen in Deutschland leiden darunter, und die Dunkelziffer ist hoch. Mit zunehmendem Alter steigt die Häufigkeit, sodass etwa 65 % der über 80-jährigen Frauen betroffen sind. Inkontinenz gehört zu den häufigsten Ursachen für die Einweisung in ein Pflegeheim und gehört in Altersheimen fast zur Tagesordnung. Die Ursachen der Inkontinenz von Frauen liegen insbesondere in einer erschlafften Beckenbodenmuskulatur und damit verbundenen Beeinträchtigungen des Verschlussmechanismus der Blase, der oft durch Geburten, Übergewicht, Unterleibsoperationen etc. bedingt ist.

a) Femininer Inkontinenz zugrunde liegend ist meistens eine erschlaffte Muskulatur im Bereich des Beckenbodens und damit einhergehende Beeinträchtigungen des Blasenverschlussmechanismus.
b) Inkontinenz ist keineswegs ein seltenes Problem in Deutschland, zumal etwa 65 % aller über 25- bis 30-jährigen Frauen darunter leiden.
c) Ein defekter Blasenverschlussmechanismus ist für Inkontinenz verantwortlich, unter der etwa 65 % der über 80-jährigen Frauen leiden.
d) Wer weiblich und über 80 Jahre alt ist, hat ein 65-prozentiges Risiko, inkontinent zu werden.
e) Frauen, die über 80 Jahre alt sind und in Pflegeheimen leben, haben die größte Wahrscheinlichkeit, an Inkontinenz zu leiden.
f) Keine der Aussagen gibt korrekte Teilaspekte wieder.

6. Text

Bei Computerviren handelt es sich um nichtselbständige Programmroutinen, die sich selbst reproduzieren, indem sie sich an Computerprogramme oder Bereiche des Betriebssystems anhängen und, sobald gestartet, vom Anwender nicht steuerbare Veränderungen an der Software des Computers vornehmen. Im allgemeinen Sprachgebrauch umfasst der Begriff Computervirus neben oben definierten Computerviren noch Computerwürmer und Trojanische Pferde. Der Begriff Computervirus leitet sich von seinem biologischen Vorbild des klassischen Virus als einem sich selbst reproduzierenden fehlerhaften DNA-Abschnitt ab. Häufige Auswirkungen eines Computervirenbefalls äußern sich durch Veränderung oder Verlust von Daten und Programmen sowie Störungen des regulären Betriebs.

a) Veränderungen, welche ein virenbefallener Computer erfährt, sind weder von Anwendern noch von Betriebssystemen rückgängig zu machen.
b) Das Wort Computervirus stammt von seinem biologischen Vorbild, dem Virus. Auch bei ihm handelt es sich um einen fehlerhaften, sich selbst reproduzierenden DNA-Abschnitt.
c) Eine sich selbst reproduzierende, jedoch nichtselbständige Programmroutine, welche bestrebt ist, sich an Computersoftware, zuweilen auch an Betriebssystembereiche, anzuhängen, und – sobald gestartet – vom Nutzer nicht zu kontrollierende Veränderungen an der Computersoftware vornimmt, nennt man Computervirus.
d) Ein virenbefallener Computer weist Datenverlust, Programmverlust sowie Betriebsstörungen auf.
e) Ein sich selbst startendes Programm, welches vom Bestreben geleitet ist, sich selbst zu reproduzieren, wird Computervirus genannt.
f) Keine der Aussagen gibt korrekte Teilaspekte wieder.

7. Text

Burkina Faso, das bis 1984 Obervolta hieß, ist eine Republik in der Sahelzone Westafrikas gelegen und ohne Zugang zum Meer. Anrainerstaaten Burkina Fasos sind Mali, Benin, Togo, Côte d'Ivoire (Elfenbeinküste), Ghana und Niger. Die Landschaft besteht zum größten Teil aus Dornsavanne, aber auch ein nicht unbeträchtlicher Anteil ist Halbwüste. Aus der leicht wellenförmigen, das Relief des Landes dominierenden Hochebene ragen zahlreiche Inselberge heraus. Diese Hochebene gehört zur so genannten Oberguineaschwelle. Hier entspringen die drei Quellflüsse der Volta: Rote –, Weiße – und Schwarze Volta.

a) Burkina Faso, dessen Hochland an die Oberguineaschwelle angrenzt, hieß bis 1984 Obervolta, da es das Ursprungsland der Volta mit seinen drei Quellflüssen Rote –, Weiße – und Schwarze Volta ist.
b) Das für Burkina Faso so charakteristische Hochland besteht großteils aus Halbsavanne und teils auch aus Halbwüste.
c) Burkina Faso, das bis 1894 Obervolta hieß, beheimatet den Volta-Fluss. Seine drei Quellflüsse, die Rote –, Weiße – und Schwarze Volta entspringen der Hochebene, die zur Oberguineaschwelle gehört.
d) Bei einer in der Sahelzone Westafrikas gelegenen Republik, welche noch bis zum Jahre 1984 Obervolta hieß und zu seinen Anrainerstaaten Benin, Togo, Elfenbeinküste, Niger, Ghana und Mali zählt, handelt es sich um Burkina Faso.
e) Obervolta war der frühere Name für das Gebiet um Burkina Faso, zu welchem besonders die Staaten Elfenbeinküste, Ghana, Niger, Mali, Benin und Togo zählen.
f) Keine der Aussagen gibt korrekte Teilaspekte wieder.

Lösungen Seite 213

Sprachsysteme

Hier sind 7 Aufgaben, in denen Sie mit einigen Wörtern einer erfundenen Fremdsprache und deren deutscher Übersetzung konfrontiert werden.
Es gilt, die Bedeutung der einzelnen Wörter und die grammatikalischen Regeln und Zusammenhänge der jeweiligen »Fremdsprache« zu erkennen.
Die Aufgaben sind in sieben Gruppen zusammengefasst, jede Gruppe bezieht sich auf eine andere Sprache.
Beachten Sie, dass die grammatikalischen Regeln und der Satzbau der jeweiligen Fremdsprache sich möglicherweise von denjenigen der deutschen Sprache und auch untereinander sehr unterscheiden. Es sind nur die Regeln gültig, die sich aus den Zusammenhängen der vorgegebenen Sätze erschließen lassen; Ausnahmen gibt es nicht. Zur Verdeutlichung:

Beispiel:

fützuft = sie kommt
gütteft = sie geht
güttegü = ich gehe
defützuft = sie kam

Was heißt nun »Ich ging« in der fiktiven Fremdsprache?

a) degütteft
b) defützuft
c) defützugü
d) degüttegü
e) güttegü

Lösung: d.
Warum ist d richtig? Die Ausdrücke für »sie kommt« und »sie geht«, beides im Präsens, weisen als einzige Gemeinsamkeit die Endung »ft« auf, also muss »ft« für »sie« stehen. Das erlaubt den Schluss, dass die Endung »gü« für »ich« steht: Damit scheiden die beiden ersten Lösungen aus. Vergleichen wir die Ausdrücke »sie kommt« und »sie kam« miteinander, so wird klar, dass die Vergangenheitsform des jeweiligen Verbs durch die Vorsilbe »de« ausgedrückt wird. So ist auch die Lösung e mit Sicherheit falsch. Da der Stamm von »gehen« offensichtlich »gütte« und nicht »fütz« (kommen) ist, bleibt dann als Lösung nur d.

45 Minuten! Für diese 7 Aufgabengruppen haben Sie 45 Minuten Bearbeitungszeit.

A. Die Niftu-Sprache

der Berg ist hoch	= nifpoko tifka enik
der Mann steigt auf die Leiter	= nifsomsik omki nofsaprik siksik
das Haus ist schön	= nefmifti agli enik
der Himmel ist blau	= nifsumnil rosbil enik

1. »Das Haus ist hoch« heißt auf Niftu:
- a) nefmifti tifka enik
- b) tifka nofsaprik omki
- c) nefmifti nifsumnil tifka
- d) rosbil enik tifka
- e) nefmifti agli enik

2. »Der Mann schaut in den Himmel« heißt demnach:
- a) nifsomnik enik nifsumnil
- b) rosbil enik nifsumnil
- c) nifsomnik akivli nifsumnil gifgif
- d) nefmifti nenik ban enik
- e) tifka nofsaprik agli enik

3. »Der Berg ragt in den Himmel« heißt folglich:
- a) nifpoko tifka omki
- b) siksik nifsomsik nofsaprik
- c) nataka sormalik onik
- d) nifpoko akivli nifsumnil flýkvlyg
- e) nifpoko nifsumnil omki

13. Die Simkim-Sprache

Die Rosen duften gut	= Sísìm'haisi torksum makmak
Das Kind freut sich	= Sbávràk'habivkum baksimik etnok
Der Mann umarmt das Kind	= Mjúkmjù'njuljem askjamik sbávràk'habivkum
Die Frau arbeitet viel	= Sísìm'brishusmik tralimik nokargfi

1. »Der Mann umarmt die Frau« heißt auf Simkim:
   a) Askjamik mjúkmjù'njuljem sbávràk'habivkum
   b) Mjúkmjù'njuljem askjamik sísìm'brishusmik
   c) Sbávràk'habivkum askjamik mjúkmjù'njuljem
   d) Sbávràk'habivkum askjamik sísìm'brishusmik
   e) Sísìm'haisi tralimik makmak

2. »Die Frau freut sich über die Rosen« heißt demnach:
   a) Baksimik sísìm'haisi dengifti brishusmik
   b) Sísìm'brishusmik basimik torksum gigrish sísìm'haisi
   c) Sbávràk'habivkum baksimik inikagu gigrish sísìm'haisi
   d) Sísìm'brishusmik baksimik inikagu gigrish sísìm'haisi
   e) Sísìm'brishusmik baksimik tralimik gigrish sísìm'haisi

3. Was heißt »Mjúkmjù'njuljem tralimik makmak« auf Deutsch:
   a) Das Kind freut sich
   b) Die Frau duftet gut
   c) Der Mann arbeitet gut
   d) Der Mann arbeitet hart
   e) Der Mann freut sich

C. Die Gorpu-Sprache

Der Zwerg ist freundlich	= testaklöxy mxyk drapakk
Der Wald ist finster	= vckwaksiwny mxyk wwiqja
Die Lichtung ist breit	= weriodsvdksö skdfew wljhiq
Die Blume ist blau	= dbqewkö skdfew wkdswwl

1. »Der Zwerg ist breit« heißt in der Gorpu-Sprache:
- a) testaklöxy mxyk wkdswwl
- b) testaklöxy mxyk wwiqja
- c) weriodsvdksö mxyk wljhiq
- d) skdfew dbqewkö wwiqja
- e) testaklöxy mxyk wljhiq

2. »Die Lichtung im Wald« heißt auf Gorpu:
- a) vckwaksiwny kwejrfd weriodsvdksö
- b) weriodsvdksö kwejrfd vckwaksiwny
- c) kwejrfdö weriodsvdksy vckwaksiwnynaf
- d) wekrcw kwe-wedck' wkeyoieylkgkjew
- e) testaklöxy mxyk wljaksdd

3. Wie würden Sie »vckwaksiwny mxyk dbqewkö« ins Deutsche übersetzen?
- a) Der Wald ist finster
- b) Der Wald ist die Blume
- c) Der Wald ist groß
- d) Der Zwerg im Wald
- e) Die Blume ist der Zwerg

D. Die Telrik-Sprache

Ich kam	= tlakrion enderik
Er sah	= nomakriok bavriderik
Ich siege	= tlakrion dlamawyrf
Er wird siegen	= nomakriok gontra dlamawyrf

1. Wie übersetzen Sie »Er wird sehen« ins Telriksche?
   a) nomakriok gontra bavridewyrf
   b) tlakrion gontra bavridewyrf
   c) dlamawyrf nomakriok enderik
   d) bavridewyrf gontra nomakriok
   e) magontra manomakriok madlamawyrf

2. »Er siegte« kann nur heißen:
   a) nomakriok bavridewyrf
   b) tlakrion endewyrf
   c) nomakriok dlamawyrf
   d) nomakriok dlamarik
   e) tlakrion gonta dlamawyrf

3. Wie übersetzen Sie »Nomakriok endewyrf, tlakrion bavridewyrf, nomakriok dlamarik« ins Deutsche?
   a) Er kam, sah und siegte
   b) Er kommt, ich sehe, er siegte
   c) Kommen, sehen, siegen
   d) Sie sah, dass er kam und siegte
   e) Wer sieht, dass er kommt, wird siegen

E. Die Luopi-Sprache

wutezippe gag	= die Frau läuft weg
chalchapschie wuteen	= der Mann streichelt die Frau
böddlitzippe düot	= der Hund läuft schnell
bültemüstie böddliten	= die Katze ärgert den Hund

1. »Die Frau streichelt die Katze« heißt demzufolge:
a) wutezippe bülte
b) wutepschie chalchaen
c) wutepschie bülteen
d) bültemüstie bülteen
e) bültepschie wuteen

2. »Der Mann ärgert den Hund« heißt dann:
a) chalchamüstie böddliten
b) chalchabülte böddliten
c) chalchamüstie bülteen
d) chalchapschie düot
e) chalchapschie böddliten düot

3. »Die Katze läuft schnell weg vor dem Hund« kann dann nur heißen:
a) bultezippe böddlitdüot gag
b) bültemüstie gag böddlit düot
c) bültemüstie böddlitzippe düot gag
d) bültezippe böddlit gag düot
e) bültezippe böddlitzippe düot

7. Die Daol-Sprache

yoülidana	= ich aß
yüolidö	= ihr trinkt
yoülidona	= du aßest
yüolidüil	= sie werden trinken
yoülidä	= wir essen

1. »Er wird trinken« heißt demzufolge:
a) yoülidüil
b) yuöliduil
c) yüolidu
d) yüoliduil
e) yöulidü

2. »Ich trank« heißt dann:
a) yoülidüil
b) yuöliduil
c) yüolidana
d) yüoliduil
e) yoüliduna

3. »Sie aßen« heißt dann:
a) yoülidüna
b) yöulidüil
c) yöulidüna
d) yüolidüil
e) yöulidü

G. Die Wüwü-Sprache

pyhyari duomí	= ich koche Eier
wühllyri ririmi	= sie kochen Kartoffeln
midiöllelepzi gütto	= der Koch brät den Fisch
zuotuomi ayuöq	= der Kochtopf ist voll
duogütti diqö	= ich fische gerne
ghnori zuotuoghnori ayuöq	= der Blumentopf ist voller Blumen
kkaotuolepzi asyuöp	= die Bratpfanne ist leer

1. »Der Fischer fischt Fische« heißt dann:
a) gütti güttridiöllegüttri
b) gütti migütti
c) güttri güttrigütti
d) güttri güttidiöllegütti
e) gütti güttidiölle

2. »Ich brate gern Kartoffeln« heißt dann:
a) duolepzi wühllyri diqö
b) wühllyri güttoduo diqö
c) ririmi güttolepzimi diqö
d) wühllyri duolepzi diqö
e) wühllyri lepzimi diqö

3. Was bedeutet dann der Satz »pyhyarituogütto ririlepzi«?
a) der Koch kocht Fischeier
b) ich koche gerne Fisch und Eier
c) der Eiermann brät Fischeier
d) sie braten Fischeier
e) gebratener Fisch mit Eiern

4. Als Letztes: Wie würden Sie den Satz »Der Eiermann kocht Eierblumensuppe« ins Wüwü übersetzen, wenn Suppe = prödeyo ist?

Lösungen Seite 216

Dichtung und Wahrheit: Absurde Gedichtinterpretationen

Welche Aussage stimmt, welche nicht? Prüfen Sie jede Aussage und schreiben Sie »s« (stimmt) oder »sn« (stimmt nicht) an den Rand.

45 Minuten!

Für die folgenden 6 Aufgaben haben Sie 45 Minuten Bearbeitungszeit.

1. Die rosarote Ringelnatter rattert lustig auf der Klapper. Ringeln tut auch Hildemar, der gestern wieder bei ihr war. Zusammen spielen sie Fagott in einem heißen Kaffeepott.

a) Hildemar kennt die Ringelnatter
b) Hildemar mag Schlangen
c) Schlangen rattern auf Klappern
d) Ringelnattern sind niemals rosarot
e) Musikalisch sind die beiden bestimmt nicht
f) Vielleicht kringelt die Natter auch ab und zu auf der Klapper
g) Hildemar kennt den Weg zur Ringelnatter

2. Mit Hektik und Gezucke fängt man noch keine Mucke. Doch hast du auch noch Holz und Zangen, kannst du viele Mucken fangen.

a) Wer Holz und Zangen hasst, kann viele Mucken fangen.
b) Mit Hektik und Gezucke kann man keine Mucken fangen.
c) Mit Holz und Zangen kann man Mucken fangen.
d) Man muss über mehr als drei Dinge verfügen, um Mucken fangen zu können.
e) Wer Hektik, Gezucke, Holz und Zangen hat, fängt viele Mucken.
f) Vielleicht fängt man trotz Hektik, Gezucke, Holz und Zangen keine einzige Mucke.

3. Wie schon Opa Wilhelm weiß: In der Ruhe taut das Eis. Lässt man es dann fröhlich werden, hilft es gegen Halsbeschwerden.

a) Ruhiges Eis taut am besten.
b) Was taut, kann Eis sein.
c) Trauriges Eis hilft nicht gegen Halsbeschwerden.
d) Opa Wilhelm kennt sich aus mit Naturheilverfahren.
e) Wer Eis tauen will, sollte für Ruhe sorgen.
f) Wenn man Eis aufheitert, wird es eine Arznei.

Lösungen Seite 221.

Absurde Realitäten und reale Absurditäten

4. Morgen wird es kälter als gestern, aber heute ist es so kalt wie donnerstags. Donnerstags und am Wochenende ist es immer so warm wie im Sommer. Nachts ist es kälter als morgen.
   a) Gestern war es nicht so warm wie heute.
   b) Mittwochs im Sommer ist es so warm wie donnerstags im Winter.
   c) Ein extrem kaltes Herbstwochenende ist immer noch so warm wie der Sommer.
   d) Morgen Nacht ist es gleich doppelt kalt.
   e) Donnerstag vor 12 Jahren, 8 Monaten und 2 Tagen war es so kalt wie heute.
   f) Dann ist heute Samstag.
   g) Wenn es im Sommer so kalt ist wie im Winter, dann ist es drinnen kälter als draußen.

5. Sie rufen bei der Hotline eines Elektronikherstellers an. Leider sind dort alle Ansagetexte durcheinander gekommen, und Sie hören: »Wenn Sie eine technische Frage haben, wählen Sie bitte die 3. Für alle anderen Fragen wählen Sie bitte die 7. Wenn Sie eine Frage haben, welche nicht technischer Art ist und die Abrechnung betrifft, wählen Sie bitte die 4. Wenn Ihre technische Frage mit einem defekten Gerät zu tun hat, wählen Sie bitte die 0; für Upgrades die 5. Wenn sie eine Frage haben, die nicht aus einem nichttechnischen Gebiet kommt, und sie einen Mitarbeiter oder eine Mitarbeiterin persönlich sprechen wollen, wählen Sie bitte die 9. Wenn Ihre technische Frage zu einem defekten Gerät sich innerhalb der Garantiezeit befindet, wählen Sie bitte die 4, außerhalb der Garantiezeit die 8. Wenn Ihre nichttechnische Frage zur Abrechnung sich mit der letzten Rechnung befasst, wählen Sie bitte die 2. Um sich die Höhe der Rechnung ansagen zu lassen, wählen Sie bitte die 4, um sich Ihr verbleibendes Guthaben ansagen zu lassen, wählen Sie die 0. Wenn sich Ihre nichttechnische Frage zur Abrechnung mit der Höhe der vorletzten Rechnung befasst, wählen Sie die 6, für sonstige Abrechnungsfragen die 5.«
   a) Wenn Sie eine technische Frage zu einem Upgrade haben, müssen Sie die 3 – 5 wählen.
   b) Ihren defekten Fernseher melden Sie während der Garantiezeit über die 3 – 0 – 8 bei der Firma.

c) Eine nichttechnische Abrechnungsfrage zur vorletzten Rechnung klären Sie über die 7 – 4 – 6.
d) Mit der 7 – 4 – 6 – 4 können Sie sich die Höhe Ihrer vorletzten Rechnung ansagen lassen.
e) Nach dem fünften Anlauf sind Sie so frustriert, dass Sie endlich einen Menschen sprechen wollen. Meinen Sie, mit der 7 – 9 gelingt Ihnen das?
f) Eine sonstige Frage zur Abrechnung klären Sie über die 7 – 4 – 4.

6. Am Flughafen herrscht Schneechaos. Alle Flüge nach Norden haben 3 Stunden Verspätung, alle Flüge nach Osten haben 6 Stunden Verspätung, alle Flüge nach Süden starten 4 Stunden später. Lediglich die Flüge nach Westen starten 2 Stunden vor Plan. Nordicway und Ice Express fliegen nur in den Norden. Nordicway braucht 2 Stunden länger, um alle Flugzeuge zu enteisen und Ice Express braucht sogar 4 Stunden länger als der Durchschnitt. East Air und East Express fliegen nach Osten, East Express ist 2 Stunden früher als geplant fertig, und East Air braucht 4 Stunden länger als die durchschnittliche Verspätung für Flüge nach Osten beträgt. Flüge nach Süden haben grundsätzlich 4 Stunden Verspätung, Southern Wings hält diese Verspätung sogar ein, doch Fly South liegt eine Stunde darüber. West Wings und Best West fliegen nach Westen, und West Wings hat eine Verspätung, die 4 Stunden über dem Flughafendurchschnitt für Flüge nach Westen liegt, während Best West diesen Durchschnitt um eine Stunde unterschreitet.

a) Herr Hempel will heute mit West Wings fliegen und rechnet mit einer Verspätung von 2 Stunden.
b) Frau Plaffke will mit East Express nach Osten fliegen und ärgert sich über eine Verspätung von 4 Stunden.
c) Ganz außer sich ist Herr Hotzenplotz, der mit East Express mit 9 Stunden Wartezeit rechnet.
d) Southern Wings ist die einzige Fluglinie, die die planmäßige Abflugzeit nicht überschreitet.
e) Fly South hat 5 Stunden Verspätung.
f) Best West ist sogar 3 Stunden zu früh dran.

Lösungen Seite 223

Meinung oder Tatsache

Zurück zur Realität. Jetzt geht es darum, Meinungen von Tatsachen zu unterscheiden. Tatsachen sind so charakterisiert, dass sie sofort bzw. in relativ kurzer Zeit beweisbar wären, Meinungen dagegen müssen erst ausdiskutiert werden.

Beispiel 1:
Rauchen ist ungesund.
a) Tatsache b) Meinung

Lösung: a.

Beispiel 2:
Die Sterne lügen nicht.
a) Tatsache b) Meinung

Lösung: b.

10 Minuten!

Für die folgenden 30 Aufgaben haben Sie 10 Minuten Zeit.

1.
Eisen ist schwerer als Wasser.
a) Tatsache b) Meinung

2.
Geld allein macht nicht glücklich.
a) Tatsache b) Meinung

3.
Geld kann man nicht essen.
a) Tatsache b) Meinung

4.
Fleisch und Fisch sind verdaulicher als Geld.
a) Tatsache b) Meinung

5.
Der Mensch irrt, so lang er strebt.
a) Tatsache b) Meinung

6.
Vor dem lieben Gott sind alle Menschen gleich.
a) Tatsache b) Meinung

7.

Vor Gericht sind alle Menschen gleich.

a) Tatsache b) Meinung

8.

Pinguine leben in der Antarktis.

a) Tatsache b) Meinung

9.

Vögel können manchmal fliegen.

a) Tatsache b) Meinung

10.

Festes Eis hat eine Temperatur unter dem Gefrierpunkt.

a) Tatsache b) Meinung

11.

Schokolade macht dick.

a) Tatsache b) Meinung

12.

Schweine sind Säugetiere.

a) Tatsache b) Meinung

13.

Radioaktive Strahlung gibt es überall auf der Erde.

a) Tatsache b) Meinung

14.

Jeder Sport ist besser als kein Sport.

a) Tatsache b) Meinung

15.

Scherben bringen Glück.

a) Tatsache b) Meinung

16.
Im siebten Ehejahr werden überdurchschnittlich viele Scheidungen eingereicht.
a) Tatsache b) Meinung

17.
Männer haben durchschnittlich ein größeres Gehirn als Frauen.
a) Tatsache b) Meinung

18.
Frauen sind einfühlsamer als Männer.
a) Tatsache b) Meinung

19.
Männer sind die besseren Autofahrer.
a) Tatsache b) Meinung

20.
Die Pyramiden sind nicht von Menschenhand erbaut worden.
a) Tatsache b) Meinung

21.
Naturkatastrophen sind die Strafe Gottes für die Sünden der Menschen.
a) Tatsache b) Meinung

22.
Ohne Ei gibt es auch keine Henne.
a) Tatsache b) Meinung

23.
Also war zuerst das Ei da, dann die Henne.
a) Tatsache b) Meinung

24.
Heute ist vieles anders und auch einiges besser als es früher war.
a) Tatsache b) Meinung

25.

Wie einfach wäre das Leben ohne die Liebe – und wie langweilig.

a) Tatsache b) Meinung

26.

Man soll den Tag nicht vor dem Abend loben.

a) Tatsache b) Meinung

27.

Wer viel liest, sieht viele Wörter.

a) Tatsache b) Meinung

28.

Wer ordentlich ist, ist nur zu faul zum Suchen.

a) Tatsache b) Meinung

29.

Ohne Wasser keine Erosion.

a) Tatsache b) Meinung

30.

Ohne Sonne kein Leben.

a) Tatsache b) Meinung

Lösungen siehe Seite 225

Flussdiagramme

Die folgenden Übungsaufgaben sollen Ihnen Gelegenheit geben, sich mit einem bestimmten Aufgabentyp aus gängigen Eignungsverfahren (Fluss- oder Ablaufdiagramm) besser vertraut zu machen.
Eine Reihe von Problemstellungen und möglichen Lösungswegen werden in einem Flussdiagramm schematisch dargestellt. Zur Problemlösung gelangen Sie, indem Sie den Pfeilen des Flussdiagramms Schritt für Schritt folgen und das Schema begreifen.
Die »Bausteine« (Felder) des Flussdiagramms können sein: Handlungsschritte, Fragen, Antworten. Die Fachbegriffe dafür lauten Aktionsfeld, Abfragefeld, Handlungspfeil.
Ihre Aufgabe ist es, für die nummerierten »Bausteine« (Felder) aus einer vorgegebenen Antwortenmenge a–e jeweils den richtigen Text auszuwählen, sodass das gesamte Flussdiagramm einen stimmigen Problemlösungsablauf aufzeigt.
Sie finden also zu den lediglich mit einer Ziffer versehenen ovalen »Bausteinen« (Feldern) jeweils fünf aus Texten bestehende Lösungsvorschläge (a, b, c, d, e), von denen nur einer richtig ist. Diesen gilt es für jeden nummerierten »Baustein« (1–3) logisch richtig herauszufinden. Nochmals: Nur jeweils eine Lösung (für jeden »Baustein«) ist richtig.

Beispiel:
Mit der Vorbereitung eines Bades kennen Sie sich aus. Sie müssen warmes und kaltes Wasser in die Wanne laufen lassen, die Temperatur überprüfen, ggf. Wasser ab- oder weiteres warmes oder kaltes Wasser zulaufen lassen, um dann endlich baden zu können.
In dem folgenden Flussdiagramm ist das Problem schematisch dargestellt. Zunächst wird Wasser in die Wanne gelassen, dann muss man entscheiden, ob die Wanne zu voll ist, die Temperatur überprüfen usw.

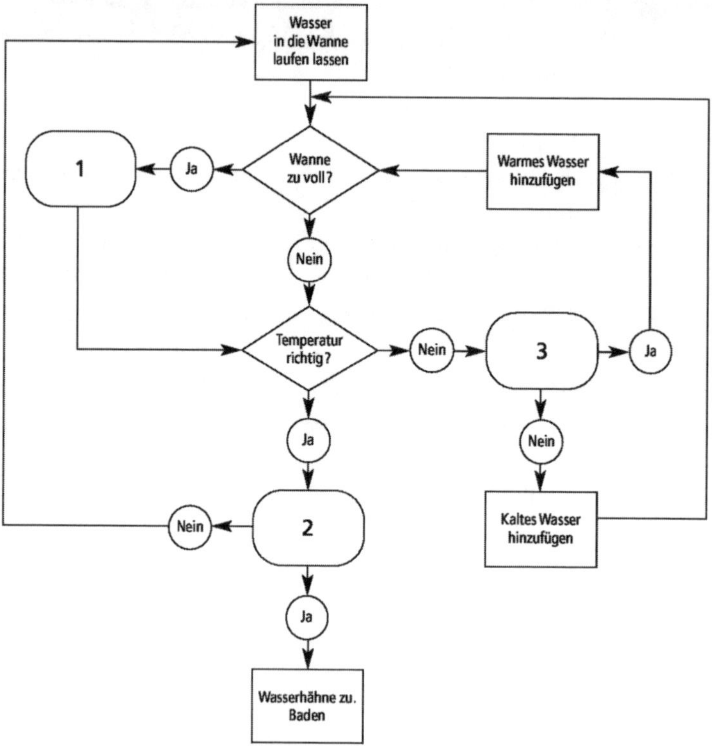

Welcher Text gehört in die Bausteine 1, 2 und 3, damit das Flussdiagramm logisch richtig vervollständigt ist?

1. Aufgabe:
   Welcher Text gehört in den ovalen Baustein 1?
   a) Warmes Wasser hinzufügen
   b) Kaltes Wasser hinzufügen

c) Wanne zu voll?
d) Etwas Wasser ablaufen lassen
e) Zusätzliches Wasser hinzufügen

Lösung: d.
Begründung: Lösung c kann es nicht sein, denn in diesem Feld kann keine Frage kommen. Die Lösungen a, b und e scheiden auch aus, da dann die als zu voll erkannte Wanne überlaufen würde.

2. Aufgabe:
   Welcher Text gehört in den ovalen Baustein 2?
   a) Wanne zu voll?
   b) Wanne voll genug?
   c) Wanne zu leer?
   d) Temperatur ist zu kalt.
   e) Temperatur ist richtig.

Lösung: b.
Begründung: Die Lösungen d und e scheiden aus, weil das Feld eine Frage beinhalten muss (schließlich folgt ein JA oder NEIN). Lösung a scheidet aus, denn die Wanne kann nicht zu voll sein, das wird bereits am Anfang überprüft (Wanne zu voll?). Auch c kann nicht die richtige Lösung sein, denn es führt ja dazu, die Wasserhähne zu schließen und zu baden. Also kann die Wanne nicht zu leer sein.

3. Aufgabe:
   Welcher Text gehört in den ovalen Baustein 3?
   a) Temperatur zu kalt?
   b) Temperatur zu warm?
   c) Wanne zu voll?
   d) Wanne ist voll.
   e) Wasser ablaufen lassen.

Lösung: a.
Begründung: Lösungen d und e entfallen, weil sie keine Fragen sind, aber der Anschluss JA und NEIN folgt. Lösung c scheidet aus, denn die Wanne ist bereits überprüft. Lösung b ist ebenfalls falsch, weil man bei zu warmem Wasser kein zusätzliches warmes Wasser hinzufügen würde.

45 Minuten!

Hier nun 7 Aufgaben mit insgesamt 21 Fragen. Sie haben 45 Minuten Bearbeitungszeit.

1. Aufgabe Getränkeautomat

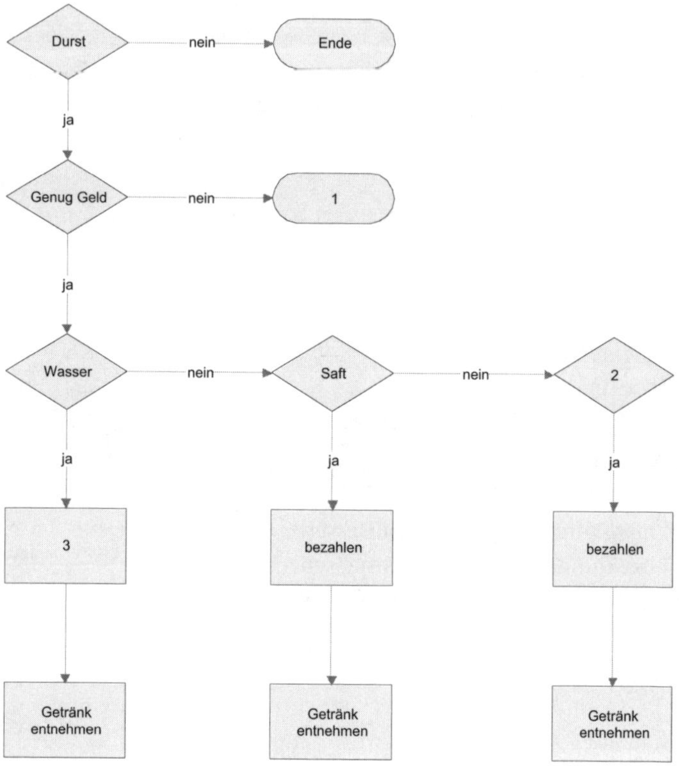

1.1. Aufgabe

Welcher Text gehört in Feld 1?

a) Hunger b) Start c) Ende d) Hilfe e) bezahlen

1.2. Aufgabe

Welcher Text gehört in Feld 2?

a) Kekse b) Limonade c) Schokoriegel d) Kuchen e) Saft

1.3. Aufgabe

Welcher Text gehört in Feld 3?

a) Geld entnehmen b) Getränk entnehmen c) bezahlen
d) Hilfe anfordern e) Hunger

2. Aufgabe: Snackbar

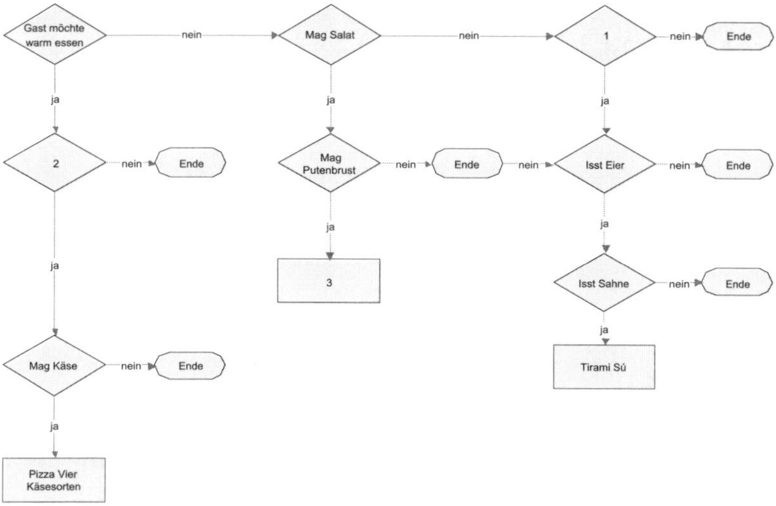

2.1. Aufgabe
Welcher Text gehört in Feld 1?

a) mag Vorspeisen b) hasst Desserts c) hat wenig Geld
d) hat Hunger e) mag Nachspeisen

2.2. Aufgabe
Welcher Text gehört in Feld 2?

a) mag Nudeln b) liebt Fischgerichte c) hat Laktoseintoleranz
d) mag Pizza e) keine Antwort richtig

2.3. Aufgabe
Welcher Text gehört in Feld 3?

a) Tomatensalat b) Salat mit Putenbruststreifen c) Nudelsalat
d) Putenschnitzel mit Salat e) Gänseleberpastete

3. Aufgabe: Telefonat

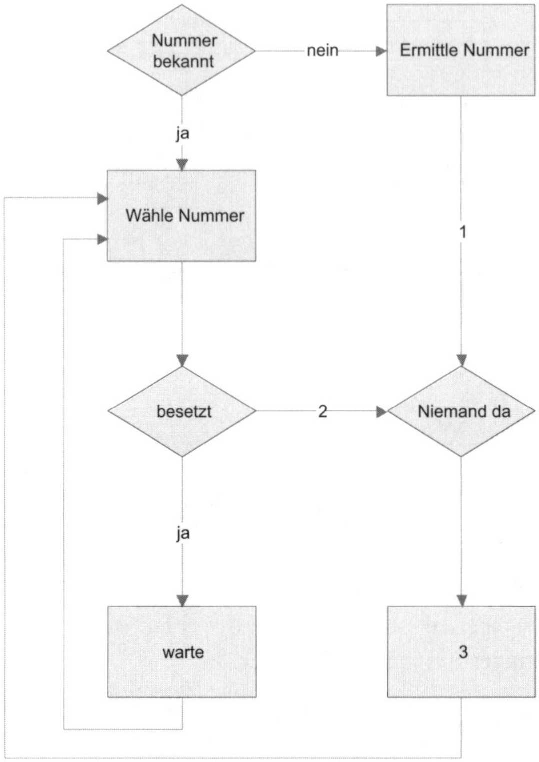

3.1. Aufgabe

Was lässt sich über Pfeil 1 aussagen?

a) ist richtig b) ist falsch c) muss auf »Wähle Nummer« zeigen
d) Antworten b und c e) keine Antwort ist richtig

3.2. Aufgabe

Welcher Text gehört auf Pfeil 2?

a) wenn, dann ... b) darum c) unter der Bedingung, dass ...
d) oder e) keine Antwort ist richtig

3.3. Aufgabe

Welcher Text gehört in Feld 3?

a) warte b) Eingabe bestätigen c) Vielleicht doch jemand da
d) Wähle Nummer e) Antworten a und d

4. Lagerhallen

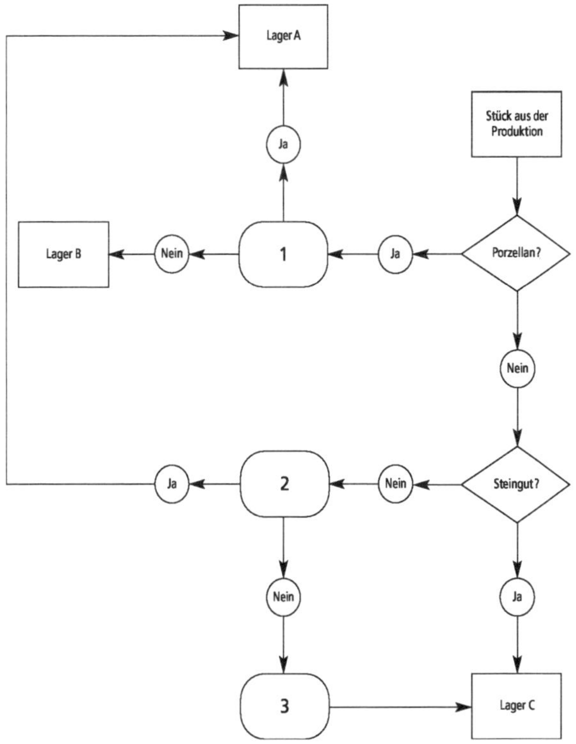

Eine Fabrik besitzt drei Lagerhallen:
Im Lager A befinden sich: – Geschirr (Porzellan), Gläser (Glas)
Im Lager B befinden sich: – Industrieteile (Porzellan)
Im Lager C befinden sich: – Steingut, Flaschen (Glas)

4.1. Welcher Text gehört in den ovalen Baustein 1?
a) Industrieteile? b) Stück kann nicht getrennt werden.
c) Porzellan? d) Geschirr? e) Gläser?

4.2. Welcher Text gehört in den ovalen Baustein 2?
a) Gläser? b) Flaschen? c) Geschirr? d) Stück ist aus Glas.
e) Industrieteile?

4.3. Welcher Text gehört in den ovalen Baustein 3?
a) Stück ist ein Teller. b) Stück ist eine Flasche. c) Industrieteile?
d) Stück ist aus Steingut. e) Ist Stück eine Flasche?

5. Kurierdienst

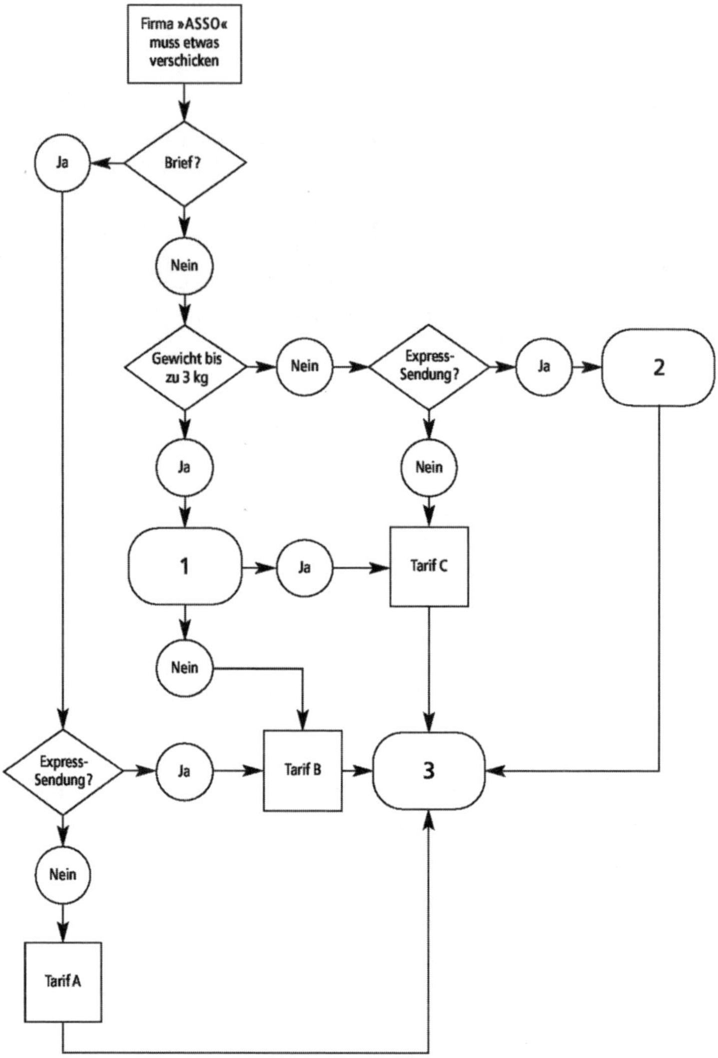

Ein privater Kurierdienst hat folgende Tarife:

- Brief: Tarif A; mit Expresszuschlag Tarif B
- Päckchen bis 3 kg: Tarif B; mit Expresszuschlag Tarif C
- Paket über 3 kg: Tarif C; mit Expresszuschlag Tarif D

5.1. Welcher Text gehört in den ovalen Baustein 1?

a) Expresszuschlag bezahlen b) Ist es ein Päckchen?
c) Ist es ein Paket? d) Ist es ein Brief? e) Express-Sendung?

5.2. Welcher Text gehört in den ovalen Baustein 2?

a) Tarif A b) Tarif C c) Päckchen ist zu schwer für die Sendung.
d) Tarif D e) Brief schicken

5.3. Welcher Text gehört in den ovalen Baustein 3?

a) Firma »ASSO« ist pleite. b) Tarif ist berechnet.
c) Kurierdienst kann Auftrag nicht entgegennehmen.
d) Tarif ist falsch berechnet. e) Keine Sendung ist möglich.

6. Geschirrfabrik

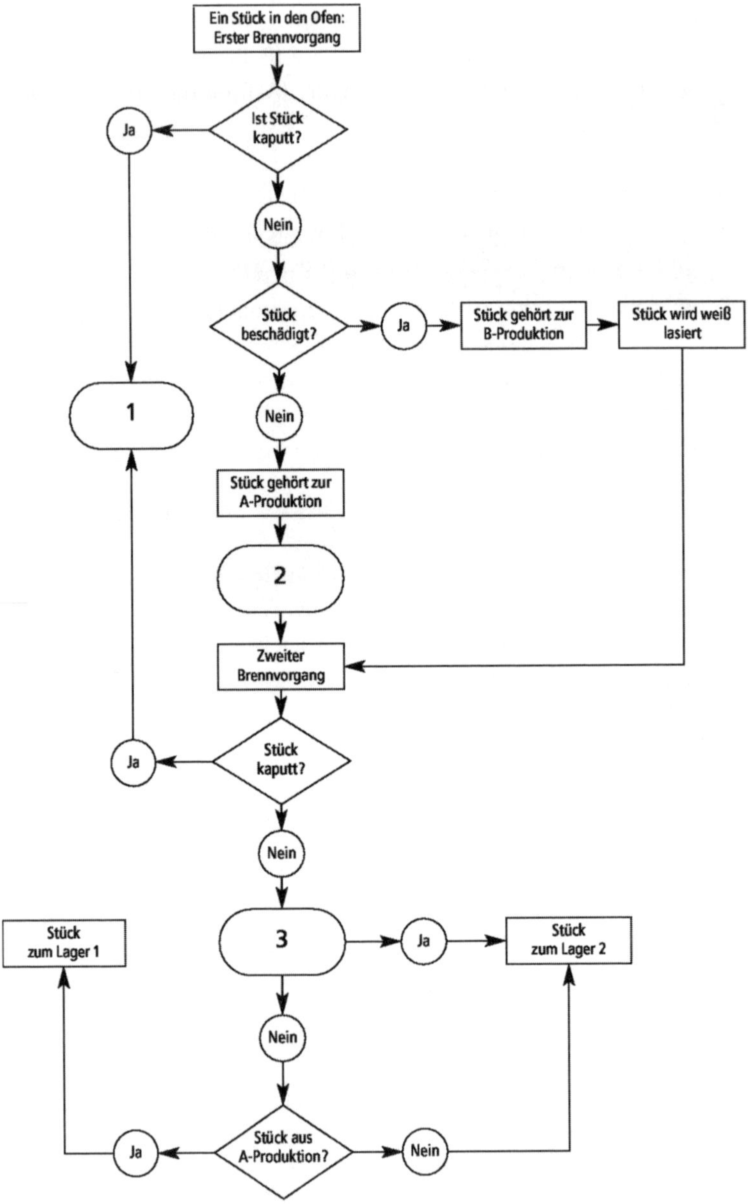

→

In einer Fabrik wird handbemaltes Porzellangeschirr produziert. Die Stücke müssen zweimal gebrannt werden. Beim 1. Brennvorgang leicht beschädigte Stücke kommen unbemalt in den 2. Brennvorgang. Leicht beschädigte Stücke werden als 2.-Wahl-Ware (B-Produktion) verkauft und kommen in das Lager 2. Die 1.-Wahl-Ware (A-Produktion) wird dagegen im Lager 1 gelagert.

6.1. Welcher Text gehört in den ovalen Baustein 1?

a) Stück kommt in das Lager 1. b) Stück kommt in das Lager 2.
c) Stück wird weggeschmissen. d) Stück wird bemalt.
e) Ist Stück kaputt?

6.2. Welcher Text gehört in den ovalen Baustein 2?

a) Stück leicht beschädigt? b) Stück ist ein Teller.
c) Stück zum Lager 1 d) Erster Brennvorgang
e) Stück wird bemalt.

6.3. Welcher Text gehört in den ovalen Baustein 3?

a) Stück wird lasiert. b) Dritter Brennvorgang
c) Stück aus A-Produktion? d) Lasur leicht beschädigt?
e) Ist das Stück ein Teller?

7. Partnervermittlung

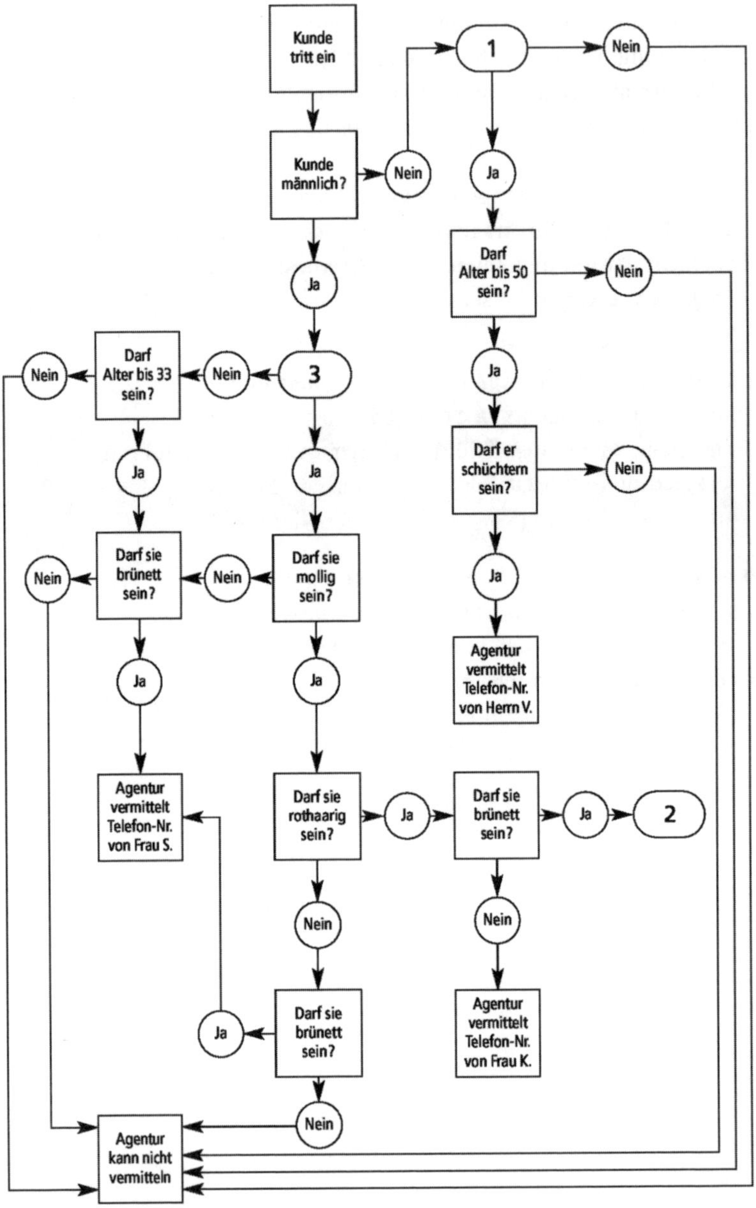

Die Eheanbahnungsagentur »Romeo und Julia« ist erfolgreich tätig. Da das Geschäft so gut läuft, sind die meisten ihrer (ehemaligen) Kunden bereits verheiratet. Zurzeit sind nur drei Personen zu vermitteln:
Frau K: mollig, rothaarig, 44 Jahre alt
Frau S: normalgewichtig, brünett, 33 Jahre alt
Herr V: 1,68 groß, 50 Jahre alt, schüchtern

7.1. Welcher Text gehört in den ovalen Baustein 1?
a) Darf er einen Bart tragen? b) Darf sie brünett sein?
c) Agentur vermittelt Telefonnummer von Frau K.
d) Darf er 1,68 m groß sein? e) Darf sie rothaarig sein?

7.2. Welcher Text gehört in den ovalen Baustein 2?
a) Agentur hat nichts zu vermitteln.
b) Agentur vermittelt Telefonnummer von Frau S und Frau K.
c) Agentur vermittelt Telefonnummer von Frau S.
d) Agentur ist unseriös. e) Darf sie mollig sein?

7.3. Welcher Text gehört in den ovalen Baustein 3?
a) Darf das Alter bis 44 sein? b) Darf sie brünett sein?
c) Ist der Kunde ein reicher Mann?
d) War der Kunde schon mal verheiratet?
e) Agentur kann nichts vermitteln.

Lösungen Seite 227

Zahlengebundene Logik

Auch wenn Mathe nicht gerade Ihr Lieblingsfach in der Schule gewesen ist, können Sie die Logik hinter den Zahlen genauso üben wie die Aufgaben der sprachgebundenen Logik. Außerdem kommen einige der Aufgaben so erzählerisch daher wie die, die Sie bereits auf den Seiten zuvor bearbeitet haben.
So zum Beispiel die gute alte Textaufgabe, die Sie sicherlich noch aus Schulzeiten kennen.

In einer recht kurzen Variante zum Beispiel: Welcher Tag war drei Tage vor gestern, wenn morgen Samstag ist?

Montag

Ein anderes Logikmuster der Zahlen sind die Reihen, die sich auch mit Buchstaben oder anderen Zeichen veranschaulichen lassen.

Ergänzen Sie doch einmal schnell die Zahlenreihe:
2 18 9 72 64 448 441 ?
Haben Sie das Aufbausystem erkannt?

2646 (· 9, – 9, · 8, – 8 etc.)

Freuen Sie sich auf Reihen, Dominosteine, Schaubilder und Matrizen. Alles ist logisch in der Welt der Zahlen – garantiert!

Schätzaufgaben

Bei den folgenden Aufgaben ist eher gutes Schätzen als genaues Ausrechnen gefragt. Deshalb haben Sie auch keine Zeit, um wirklich zu rechnen, Sie müssen es »erspüren«.

5 Minuten!

Sie haben lediglich 5 Minuten Bearbeitungszeit (das sind durchschnittlich nur 25 Sekunden pro Aufgabe!).

1.	5786 + 5911 + 987
a)	12 684
b)	13 764
c)	10 975
d)	11 654
e)	12 786

2.	17986 – 8916 – 565
a)	7805
b)	9505
c)	9103
d)	8505
e)	9976

3.	$\sqrt{17161}$
a)	169,61
b)	131
c)	167
d)	109
e)	187,912

4.	66^2
a)	3636
b)	4356
c)	4403
d)	3566
e)	4455

5.	59 · 61
a)	3609
b)	3599
c)	3669
d)	3587
e)	3509

6.	$16\frac{5}{6} \cdot \frac{7}{5} : 7$
a)	$\frac{109}{42}$
b)	$\frac{115}{36}$
c)	$\frac{97}{6}$
d)	$3\frac{11}{30}$
e)	$2\frac{2}{3}$

7.	16,005 + 13,05 + 9,6
a)	38,556
b)	41,655
c)	40,665
d)	38,655
e)	37,855

8.	18261,9 : 9
a)	2000,11
b)	1998,6
c)	2029,1
d)	2031,7
e)	2019,6

9. $0{,}25 \cdot 0{,}04$

a) 1
b) 0,1
c) 0,01
d) 0,001
e) 0,111

10. $0{,}24 : 0{,}06$

a) 5
b) 0,4
c) 4
d) 0,3
e) 3

11. $1{,}2 \cdot \frac{1}{2}$

a) 2,4
b) 0,25
c) 0,24
d) 0,6
e) 0,2

12. $102{,}95 : 1{,}45$

a) 69
b) 67
c) 71
d) 73
e) 65

Lösungen Seite 231

Zahlenreihen

Hier werden Ihnen verschiedene Zahlenreihen präsentiert, die jeweils nach einer bestimmten Regel aufgebaut sind. Ihre Aufgabe ist es, das gesuchte Glied der Reihe zu finden.

Beispiel:

18 19 21 22 24 25 27 28 30 ?

Lösung:

Bei genauerem Betrachten der Reihe fällt relativ schnell auf, dass hier abwechselnd die Zahlen 1 und 2 addiert werden. Die richtige Lösung ist daher 31.

Solche Reihen relativ einfacher Struktur findet man bei Tests häufig am Anfang.

Ein weiteres Beispiel:

528 264 270 90 96 24 30 6 12 ?

Lösung:

Hier gestaltet sich die Suche nach einem Aufbauprinzip schon etwas schwieriger. Diese Reihen befinden sich oft im mittleren oder hinteren Aufgabenbereich von Tests. Versuchen wir trotzdem die Struktur dieser Reihe zu erfassen:

Die Erstellung der Differenzen zwischen den einzelnen Gliedern führt zu folgendem Muster:

– 264 + 6 – 180 + 6 – 72 + 6 – 24 + 6

Es fällt auf, dass in jedem zweiten Schritt mit 6 addiert wird. Somit haben wir schon einen Teil der Regel erfasst. Kommen wir nun zum anderen Teil der Regel: Da die Differenzen zwischen dem ersten und zweiten, dritten und vierten Glied etc. unregelmäßig fallen, ist eine Subtraktion als zweiter Teil der Regel wohl ausgeschlossen. Jedoch geben uns stark abfallenden Differenzen einen anderen Hinweis. Da die Glieder der Zahlenreihe bei der gesuchten Operation stark fallen, liegt die Vermutung, dass dies durch eine Division verursacht wird, nahe. Dividieren wir also das erste Glied durch das zweite Glied, das dritte durch das vierte usw. und setzen diese anstelle der ersten, dritten, fünften und siebten Differenz unseres »Versuchmusters«:

: 2 + 6 : 3 + 6 : 4 + 6 : 5 + 6

Jetzt lässt sich die Regel erkennen: Es wird abwechselnd dividiert (angefangen mit durch 2 und dann jeweils aufsteigend mit 3, mit 4 usw.) und mit 6 addiert. Da von der 6 bis zur 12 addiert wird, folgt nun die Division durch 6. Demnach ist die gesuchte Lösung 2.

8 Minuten!

A. Für die folgenden 8 Zahlenreihen haben Sie 8 Minuten Zeit.

1.	8	9	10	12	14	17	20	?
2.	4	12	19	25	30	34	37	?
3.	3	4	6	9	13	18	24	?
4.	13	15	14	16	15	17	16	?
5.	6	12	7	14	9	18	13	?
6.	9	16	15	21	19	24	21	?
7.	1	1	2	6	24	120	?	
8.	2	6	10	15	20	26	32	?

30 Minuten!

B. Für die folgenden 20 Reihen haben Sie 30 Minuten Zeit.

1.	3	4	6	3	7	12	6	?
2.	5	5	4	8	6	18	15	?
3.	14	4	12	4	16	10	50	?
4.	55	56	54	55	52	53	49	?
5.	20	40	8	24	6	24	8	?
6.	21	13	6	12	7	3	6	?
7.	19	21	18	21	18	22	19	?
8.	3	11	4	8	16	9	18	?
9.	5	10	12	6	4	8	10	?
10.	2	6	3	6	4	12	9	?
11.	8	4	2	1	$\frac{1}{2}$	$\frac{1}{4}$	$\frac{1}{16}$	?
12.	22	27	21	27	21	28	22	?
13.	13	4	16	7	28	19	76	?
14.	17	9	18	12	24	20	40	?
15.	139	75	43	27	19	15	13	?
16.	9	12	18	27	39	54	72	?
17.	13	12	10	7	6	4	1	?
18.	2	5	9	13	15	19	23	?
19.	6	9	7	13	11	23	21	?
20.	197	190	38	32	8	3	1	?

30 Minuten!

C. Für die folgenden 20 Reihen haben Sie 30 Minuten Zeit.

1.	1	1	2	3	5	8	13	?
2.	3	5	9	17	33	65	129	?
3.	121	122	61	63	21	22	11	?
4.	48	24	12	4	2	1	1/3	?
5.	2	4	1	4	9	3	21	?
6.	16	48	12	7	42	6	–2	?
7.	108	113	117	39	44	48	16	?
8.	2	6	18	8	24	72	62	?
9.	19/3	10/3	5/3	5	2	1	3	?
10.	3	9	10	5	15	16	8	?
11.	13	14	7	3	4	2	–2	?
12.	7	14	12	12	18	15	15	?
13.	11	13	26	25	23	46	47	?
14.	14	12	24	26	13	11	22	?
15.	22	12	10	2	12	14	22	?
16.	39	13	6	30	10	3	15	?
17.	13	4	16	7	28	19	76	?
18.	80	40	45	15	20	5	10	?
19.	19	18	18	16	32	29	87	?
20.	76	19	57	59	58	29/2	87/2	?

15 Minuten!

D. Für diese Reihen haben Sie nur noch 15 Minuten Zeit.

1.	11	12	13	15	18	23	31	?
2.	3	10	24	52	108	220	444	?
3.	23	25	10	14	2	8	–1	?
4.	209	160	118	83	55	34	20	?
5.	4	11	32	95	284	?		
6.	728	242	80	26	8	?		
7.	96	48	42	126	63	57	?	
8.	16	14	17	13	18	12	19	?
9.	3	5	8	13	22	39	72	?
10.	1	4	12	24	24	48	144	?

10 Minuten!

E. Für die letzten 5 Reihen haben Sie 10 Minuten Zeit.

11.	6	15	28	27	–26	54	–159	?
12.	2	24	34	46	44	58	42	?
13.	99	18	79	16	59	14	?	?
14.	1	2	2	4	8	32	?	
15.	255	52	15	8	8	?		

Lösungen Seite 231

Zahlenmatrizen 1

Ähnlich den Zahlenreihen sind die folgenden Matrizen auch nach einem bestimmten System aufgebaut. Ihre Aufgabe ist es wieder, die fehlenden Zahlen zu ergänzen.

Doch zunächst ein Beispiel:

13	26	39
15	?	41
17	30	43

Lösung:

Betrachtet man die erste und die dritte Zeile, so findet man schnell heraus, dass waagerecht immer mit 13 addiert wird. Senkrecht wird dagegen mit 2 addiert, so dass die gesuchte Zahl 28 sein muss.

Ein weiteres Beispiel:

17	19	22	26
22	24	27	31
28	?	33	37
35	37	?	44

Lösung:

In der ersten Zeile wird erst mit 2, dann mit 3 und schließlich mit 4 addiert. Da dies in der zweiten Zeile auch der Fall ist, können wir davon ausgehen, dass die »waagerechte Regel« dem System »+ 2, + 3, + 4« folgt. Sowohl der ersten, als auch der vierten Spalte liegt die Regel »+ 5, + 6, + 7« zugrunde. Entweder mit der ersten oder mit der zweiten Regel können nun die Ergebnisse 30 (3. Zeile) und 40 (4. Zeile) errechnet werden.
Wie Sie sehen, können die Operationen in den Zeilen bzw. Spalten also durchaus auch variieren.

10 Minuten!

Für diese 20 Matrizen haben Sie 10 Minuten Zeit.

1.

6	12	24
12	24	?
24	48	96

2.

2	4	8
16	32	?
128	256	512

3.

64	57	50
71	64	?
78	?	64

4.

64	8	1
16	2	$\frac{1}{4}$
4	?	?

5.

5	10	50
4	$\frac{1}{8}$	$\frac{1}{2}$
20	?	?

6.

5	11	6
11	6	5
6	?	11

7.

1	2	3
?	9	4
7	?	5

8.

50	25	$\frac{25}{3}$
$16\frac{2}{3}$	$\frac{25}{3}$	?
$8\frac{1}{3}$	$4\frac{1}{6}$	$\frac{25}{18}$

9.

16	9	25
23	16	32
?	0	16

10.

7	42	14
42	252	84
?	84	28

11.

36	12	2
12	4	$\frac{2}{3}$
2	$\frac{2}{3}$	?

12.

100	20	?
500	100	20
2500	?	100

13.

3	12	6
12	?	24
6	24	12

14.

5	10	30
20	?	120
4	8	?

15.

2	3	2
3	3	3
2	3	?

16.

2	19	8
4	?	10
1	18	7

17.

1	2	6
7	14	42
42	?	252

18.

20	39	?
27	46	43
21	40	37

19.

20	40	$13\frac{1}{3}$
60	?	40
?	60	20

20.

23	46	92
$5\frac{3}{4}$	?	23
$1\frac{7}{16}$	$2\frac{7}{8}$	?

Lösungen Seite 233

Zahlenmatrizen 2

Bei diesem Aufgabentyp geben wir Ihnen bestimmte Aufbauregeln und Einschränkungen vor, nach denen Sie eine Dreiermatrix ausfüllen sollen. Hierbei soll gelten: Wenn nichts anderes festgelegt ist, sind die Zahlen höchstens zweistellig (also kleiner als 100). Des Weiteren sind sie stets positiv (also größer als 0!).

Beispiel:

Erstellen Sie mit den folgenden Regeln eine Dreiermatrix:

a) waagerecht: + 2 + 2
b) senkrecht: + 2 + 2
c) Alle Zahlen sind kleiner als 10.

Lösung:

1	3	5
3	5	7
5	7	9

Machen Sie sich zunächst immer klar, wo die größte Zahl und wo die kleinste Zahl in der Matrix steht. In unserem Beispiel erkennt man schnell, dass die größte Zahl rechts unten stehen muss, da sowohl waagerecht, als auch senkrecht zweimal mit 2 addiert wird. Demnach steht links oben die kleinste Zahl. Aus den Rechenregeln folgt außerdem direkt, dass die größte Zahl um 8 größer sein muss, als die kleinste Zahl. Im Zahlenbereich zwischen 1 und 10, kommen daher nur die 1 als die kleinste und die 9 als die größte Zahl der Matrix in Frage. Hat man diese beiden Zahlen eingetragen, so ergeben sich die anderen durch einfaches Rechnen.

15 Minuten!

Für die folgende Aufgabe haben Sie 15 Minuten Zeit.

Erstellen Sie eine Dreiermatrix mit den folgenden Regeln (Es sollen jeweils alle hinter einer Aufgabennummer stehenden Regeln erfüllt sein!):

1. a) Waagerecht und senkrecht: + 20 + 20
b) Jede Zahl enthält mindestens eine 2 als Ziffer.
c) Jede Zahl ist durch 2 teilbar.
d) Keine Zahl ist durch 4 teilbar.

2. a) Waagerecht und senkrecht: + 2 – 4
b) Alle Zahlen sind kleiner als 10.

3. a) Waagerecht und senkrecht: · 2 · 2
b) Jede Zahl ist durch 6 teilbar.

4 Senkrecht und waagerecht: + 17 + 32

5. a) Die Quersumme (= Die Summe aller Ziffern) jeder Zahl ist 8.
b) waagerecht: Alle Zahlen links von einer Zahl sind größer, rechts von ihr kleiner.
c) senkrecht: Alle Zahlen über einer Zahl sind kleiner, unter ihr größer als sie.
d) Jede Zahl darf nur einmal auftreten.

6. a) Alle Zahlen sind kleiner als 10.
b) Senkrecht: + 1 + 1
c) Waagerecht: – 3 – 3

Lösungen Seite 234

Buchstabenreihen

Wie die Überschrift vermuten lässt, werden Ihnen bei diesem Aufgabentyp Reihen von Buchstaben (statt Zahlen) präsentiert, die nach einem bestimmten Muster aufgebaut sind.

Ihre Aufgabe ist es nun, die fehlenden Buchstabenkombinationen zu ergänzen, wobei Ihnen jeweils vier Möglichkeiten vorgegeben sind.
Dieser Aufgabentyp erscheint schwieriger, als er ist. Hier werden zwar die Zahlen noch in Buchstaben umgewandelt, jedoch dürfen Sie davon ausgehen, dass die Aufbauregeln einfacher zu erkennen sind, als bei den Zahlenreihen.

Hier ein Beispiel:

a c e g i k m o q s ? ?

Welches Buchstabenpaar muss für die Fragezeichen eingesetzt werden?

a) u w   b) u v

c) t w   d) u x

Lösung:

Sehr hilfreich bei diesen Aufgaben ist es, sich ein Alphabet aufzuschreiben und durchzunummerieren und dann bei den Reihen jeweils unter den Buchstaben die zugehörige Zahl zu schreiben:

a	c	e	g	i	k	m	o	q	s	?	?
1	3	5	7	9	11	13	15	17	19	?	?

Nun ist leicht zu sehen, dass jeder zweite Buchstabe in der Aufzählung fehlt, die richtige Lösung also a) u (21) und w (23) lautet.

20 Minuten!

Sie haben 20 Minuten Bearbeitungszeit.

1. e g f h g i h j i **?** j l k **?** l n

a) h m   b) k m

c) l i   d) j m

2. b c e h l q w d ? ?

a) l u   b) m u

c) m v   d) l x

3. e e c c g ? e e i ? g g k k i i

a) g g　　b) j g

c) g i　　d) g j

4. z w t q n ? h e b z ? ?

a) k v t　　b) k w u

c) k v s　　d) k u t

5. l p s u v v u s p l ? ?

a) g a　　b) k b

c) k a　　d) g z

6. a a b ? e h m u a a b c e h m ?

a) c a　　b) c u

c) c v　　d) b n

7. a b b c c c d d d d ? e e e e ?

a) e e　　b) e f

c) d e　　d) d f

8. m l n k o j p i q h ? g s f t ?

a) i e　　b) r e

c) r u　　d) r f

9. a z b y c x d w e v f u g ? ? ?

a) g t s　　b) t h s

c) t h r　　d) g h s

10. d d a d d b d d ? d d d d d e ?

a) d d　　b) c d

c) d e　　d) c e

11. a d b f c h a j b l ? n a p b ?

a) c r　　b) c s

c) b s　　d) c t

12. e z h v k r n q j t f w ? ?

a) b z b) d a

c) b a d) d d

13. t v s w r t q u p r o **?** n p m **?**

a) r q b) s q

c) p r d) s r

14. y x w y a z y a c b a c e ? c ?

a) d e b) d f

c) a f d) f g

15. a b d g i l p s **?** b **?** k **?** v b i

a) w f p b) w g q

c) w f q d) w e q

16. j k l m k l m n l m n o m ? ? ?

a) n o p b) m o p

c) o p q d) m n o

17. p r u q v b u w z v a g z b **?** **?**

a) e a b) e f

c) f b d) e g

18. a b d g h j m n p s t v y z ? ?

a) c d b) b d

c) b e d) b c

19. x a b c p g a b c k s a **?** **?** o g

a) b c b) x c

c) y x d) a c

20. a z m a z n o a z p q r a z ? ?

a) a z b) s t

c) q r d) a b

Lösungen Seite 235

Buchstabengruppen

Bei diesem Aufgabentyp werden Ihnen pro Aufgabe fünf Buchstabengruppen präsentiert. Vier von diesen folgen einer bestimmten Bildungsvorschrift. Gesucht ist die Gruppe, die dieser Regel nicht folgt.

Ein Beispiel:

a	b	c	d	e
BBBC	HHHI	MMMO	XXXY	FFFG

Lösung:

Die Gruppen a, b, d, e haben dreimal hintereinander den gleichen Buchstaben, gefolgt von seinem Nachfolger im Alphabet. Da »O« nicht der Nachfolger von »M« ist, ist c hier die richtige Lösung.

Die Ähnlichkeit dieses Aufgabentyps zu den Zahlenreihen zeigt sich im ***nächsten Beispiel:***

a	b	c	d	e
ACEGI	MOQSU	DFHJL	LNPRT	GHJLN

Lösung:

Ordnet man den Buchstaben des Alphabetes Zahlen zu (also: A entspricht 1, B = 2, ... Z = 26), was bei den vielen Buchstabengruppen unbedingt zu empfehlen ist, so lässt sich die Bildungsvorschrift dieser Aufgabe sehr leicht finden: »+ 2, + 2, + 2, + 2«. Demnach ist e die richtige Lösung (»+ 1, + 2, + 2, + 2«).

Hinweis: Bei diesem Aufgabentyp ist »A« der Nachfolger von »Z«. Umlaute werden nicht beachtet.

Ein letzter Tipp: Schauen Sie sich immer erst 2 Gruppen an. Folgen sie nicht der gleichen Bildungsvorschrift, brauchen Sie sich nur noch eine dritte Gruppe anzuschauen, um herauszufinden, welche der ersten beiden nicht der Regel der anderen vier folgt.

10 Minuten!

A. Für Für die folgenden 12 Aufgaben haben Sie 10 Minuten Zeit.

	a	b	c	d	e
1.	BEHKN	QTWYB	DGJMP	RUXAD	HKNQT
2.	ACBDC	FHGIH	TVUWV	JLKNM	QSRTS
3.	DHEGF	VZWYX	KOLNM	PTQSR	EJFHG
4.	SLFAW	FYSNJ	VPJEA	GZTOK	CVPKG
5.	EFINV	HILQX	STWBI	PQTYE	ABEJQ
6.	DJINL	QVUZX	FLKPN	BHGLJ	WCBGE
7.	FIGJI	UXVYW	ADBEC	KNLOM	SVTWU
8.	RSTST	DEFEF	ZABAB	JKLKL	QRSRT
9.	SSUWW	DDFHH	JJLNN	XXYAA	OOQSS
10.	HHKKP	DDGGL	ZZCCH	RRTTY	JJMMR
11.	EFDFE	TUSUT	UVXVU	FGEGF	OPNPO
12.	GEDEH	RPOPS	AYXYC	NLKLO	DBABE

10 Minuten!

B. Jetzt müssen Sie in 10 Minuten 16 Aufgaben bewältigen.

	a	b	c	d	e
1.	AKCIE	GQIOL	TDVBX	UEWCY	EOGMI
2.	RVZDH	TXBFI	HLPTW	GKOSV	AEIMP
3.	DEUXR	MNDGA	TUKMG	HIYBV	STJMG
4.	CFEJG	UXWBY	HKJOL	VZYDA	ZCBGD
5.	DEFHK	VWXZC	GHIKN	PQRSV	KLMOR
6.	WOIEC	RJDZY	EWQMK	GYSOM	SKEAY
7.	DIEML	TYUCB	GLHPO	YDZHG	AEBJI
8.	ACGAS	ILPIA	WYCWO	DFJDV	RTXRJ
9.	EHKLM	ADGHJ	UXABC	KNQRS	VYBCD
10.	HMOPS	BHJKN	SYABE	JPRSV	PVXYB
11.	TUXZZ	FGJLL	RSVXX	HJMOO	DEHJJ
12.	VBFHH	DJNPP	AFJLL	PVZBB	IOSUU
13.	ACDFG	TVWYZ	HIKLN	OQRTU	DFGIJ
14.	AZYXU	KJIHE	WVUTR	FEDCZ	ONMLI
15.	DGIKP	TVXAF	PRTWB	GIKNS	BDFIN
16.	UTROK	DCAXT	LKIFB	WUSPL	GFDAW

Lösungen Seite 236

Figurenreihen fortsetzen

Vordergründig hat dieser Aufgabentyp nichts mit Zahlen oder Mathematik zu tun. Sie bekommen eine Reihe, bestehend aus vier Figuren, präsentiert. Ihre Aufgabe ist es, aus den fünf angebotenen Lösungen eine passende Figur zu wählen, sodass die obige Figurenreihe logisch fortgesetzt ist. Das ist Logik, die nicht zahlengebunden auftritt, jedoch hier ebenfalls gut hineinpasst und sehr wohl Ihr zahlengebundenes logisches Denkvermögen schult.

Beispiel:

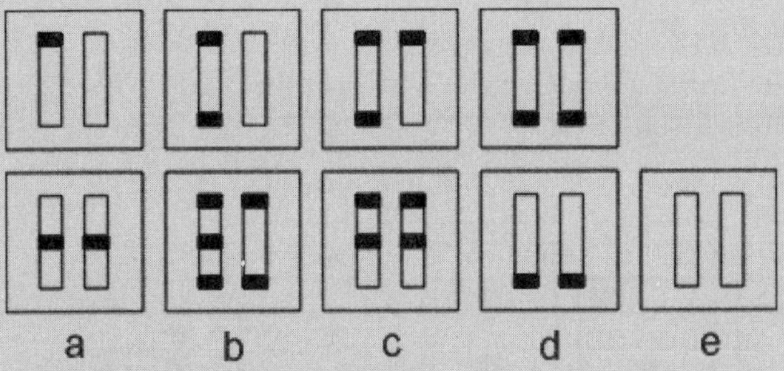

Sehen Sie, welche Figur hier passt?

Lösung:
Hier wird bei jedem Bild ein schwarzer Balken hinzugefügt. Demnach muss das fünfte Bild fünf Balken enthalten. Dies ist nur bei Lösung b der Fall, womit die einzig richtige Lösung gefunden ist.

Oft werden bei solchen Aufgaben irgendwelche Symbole hinzugefügt oder weggenommen. Des Weiteren können sich die Positionen dieser Symbole ändern, oder die Symbole werden nach einem bestimmten Muster hinzugefügt (im obigen Beispiel wurde erst das linke Rechteck »gefüllt«, und dann das rechte).
Manchmal ändert sich auch nur die Form eines Symbols: Aus einem Dreieck wird ein Viereck, dann ein Fünfeck, gefolgt von einem Sechseck ...

5 Minuten!

Doch versuchen Sie sich nun selbst.
Sie haben 5 Minuten Zeit.

1.

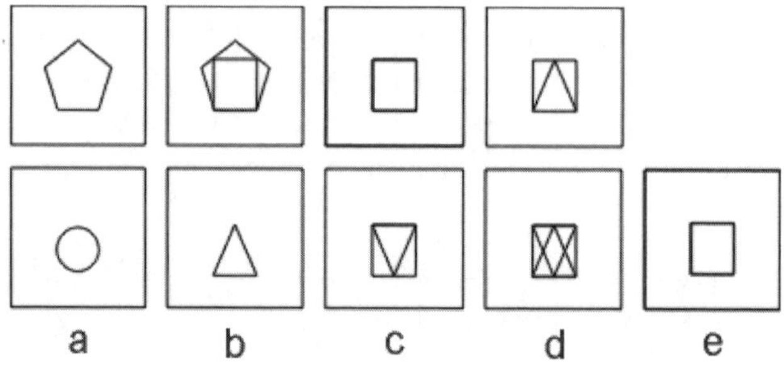

2.

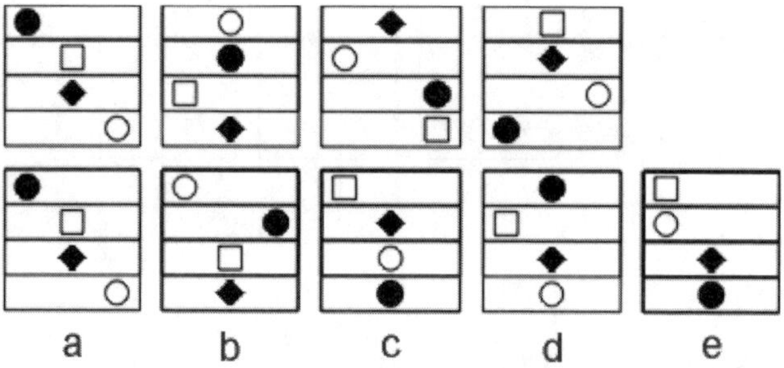

3.

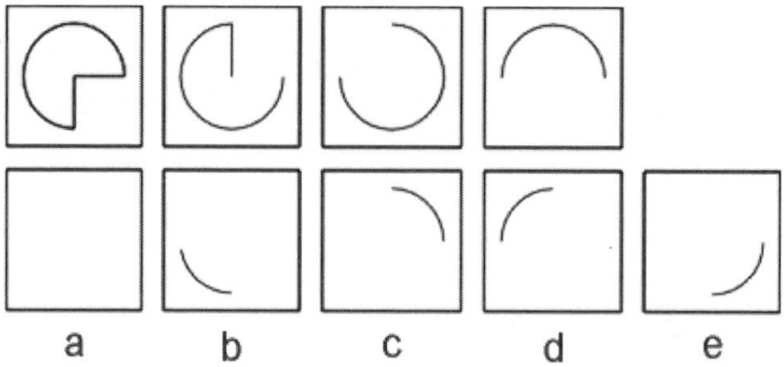

4.

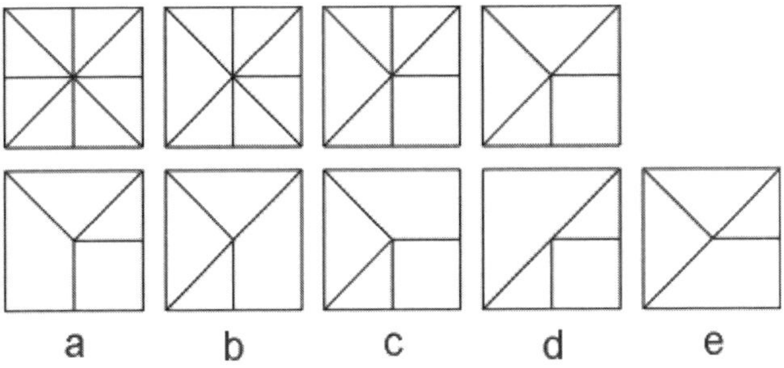

5.

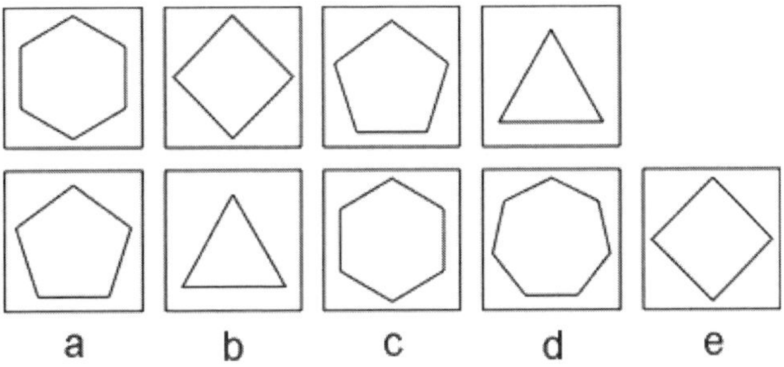

6.

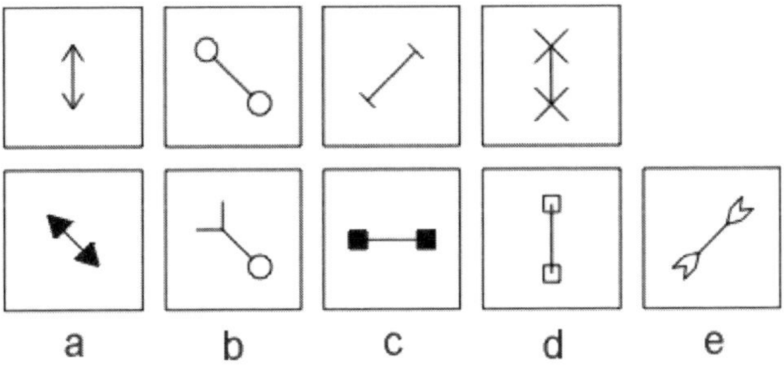

7.

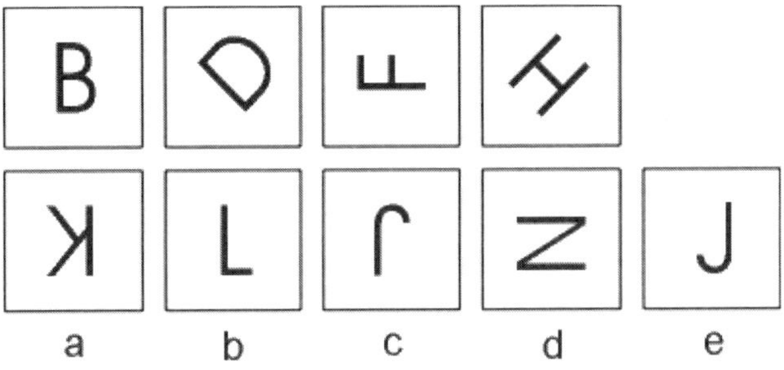

Lösungen Seite 236

Zahlensymbole

Bei dieser Aufgabe werden Zahlen durch bestimmte Symbole ersetzt. Einzelne Symbole entsprechen einer einstelligen Zahl (0–9), zwei nebeneinander stehende Symbole einer zweistelligen Zahl (10–99). Die Aufgabe besteht darin herauszufinden, welche der angebotenen Zahlen für ein bestimmtes Symbol eingesetzt werden muss, damit die Aufgabe richtig gelöst werden kann (Lösungsvorschläge neben dem zu entschlüsselnden Symbol).

1. Beispiel:

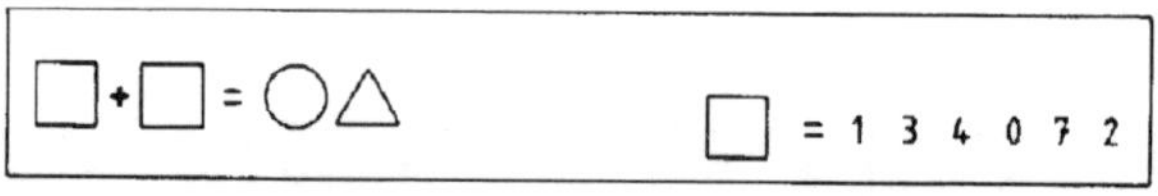

Lösung:

7. Nur wenn diese Zahl für das Quadrat eingesetzt wird, kann das Ergebnis zweistellig werden.

2. Beispiel:

$$\bigcirc\square \times \square = \blacktriangle\triangle\square \qquad \square = 2\ 4\ 5\ 1\ 8\ 3$$

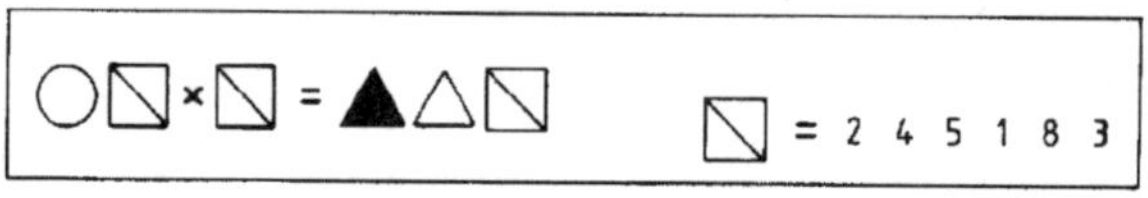

Lösung:

5. Denn nur die 5 bleibt als Einerstelle wie auch als Multiplikant im Ergebnis der Einerstelle 5.

Für die folgenden 25 Aufgaben haben Sie 20 Minuten Zeit.

1.

$$\triangle + \triangle + \triangle + \triangle = \bigcirc \qquad \triangle = 3\ 7\ 0\ 4\ 2\ 5$$

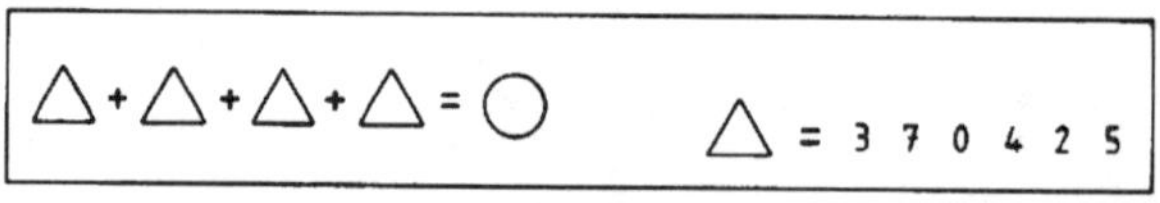

2.

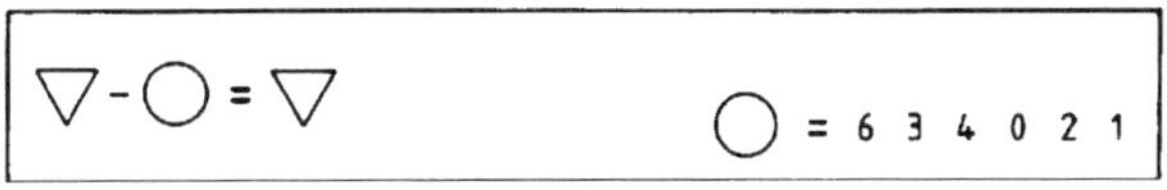

3.

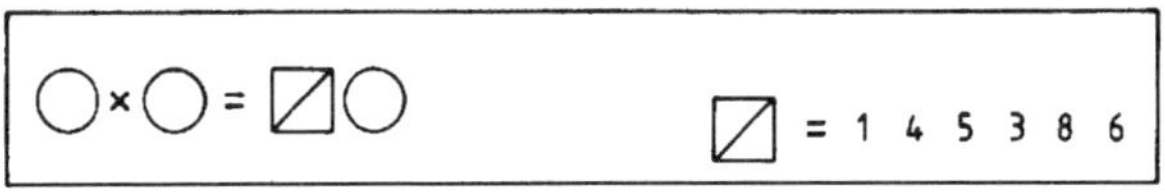

4.

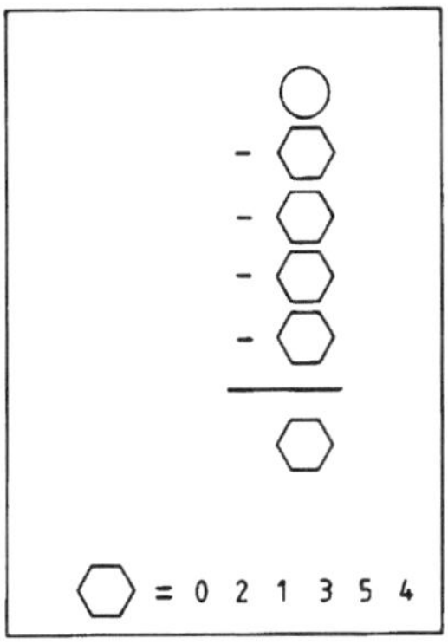

5.

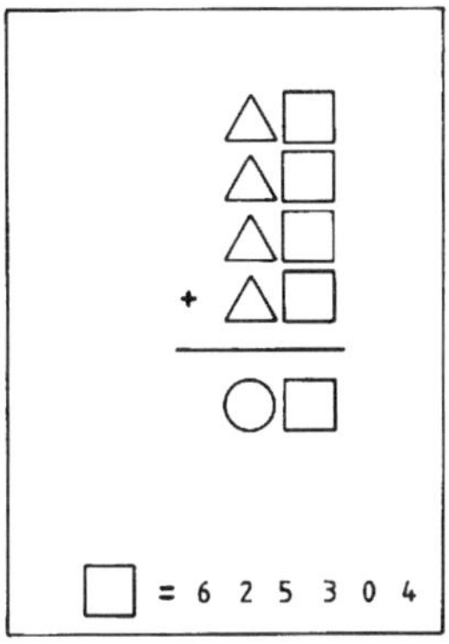

6.

7.

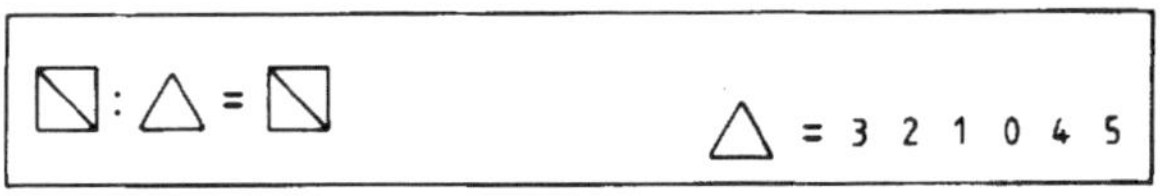

8.

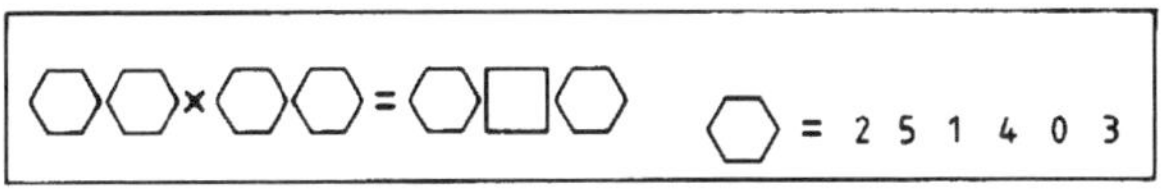

9.

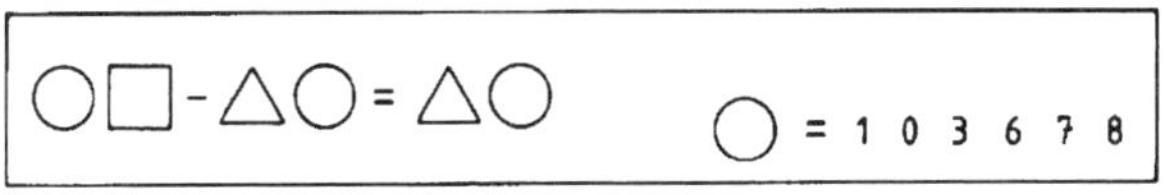

10.

□ = 7 0 4 3 5 6

11.

▽ = 1 9 5 8 3 7

12.

◯▽□ − ⬡ = ⊘⊘ ⊘ = 5 7 1 9 6 0

13.

△◯△ : △ = □△□ △ = 4 5 2 1 9 6

14.

⬡▯ × ◯ = ▽▯ ▯ = 3 0 9 1 7 8

15.

□ × ◯ + △ − △ = ▨◯ ◯ = 1 3 9 0 7 5

16.

◯ = 9 7 4 5 3 6

17.

▨ = 3 6 9 4 5 2

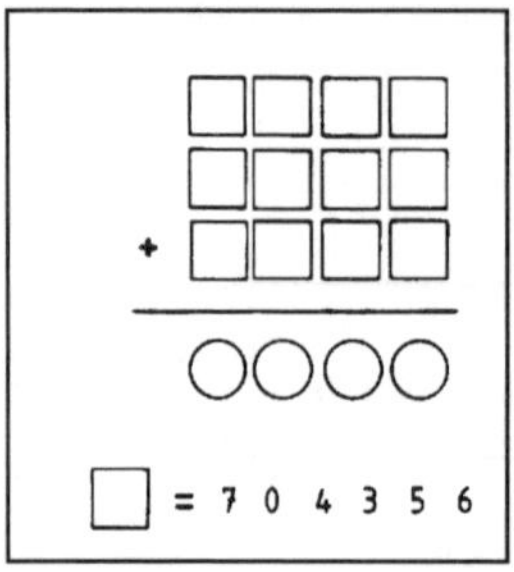

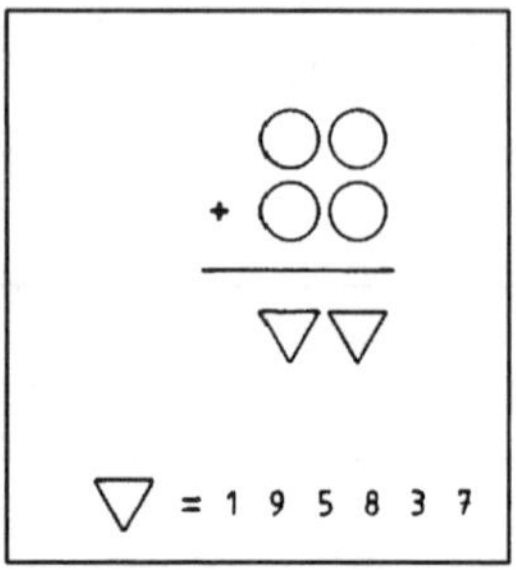

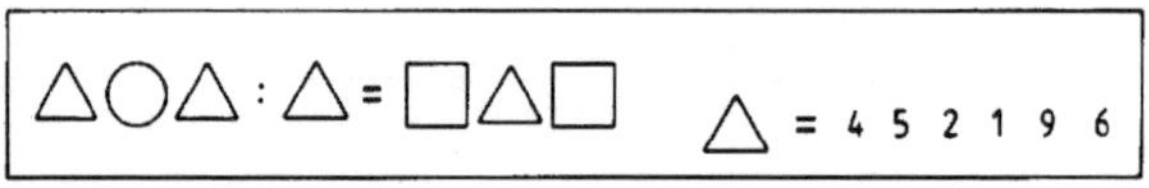

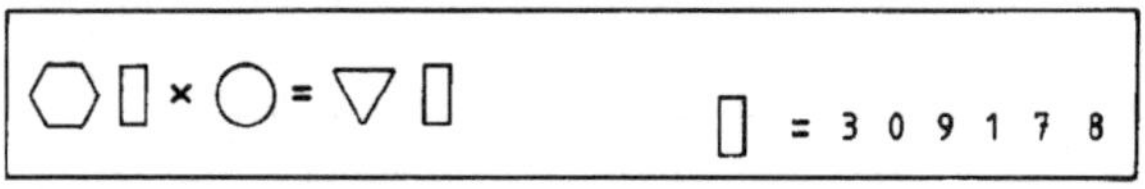

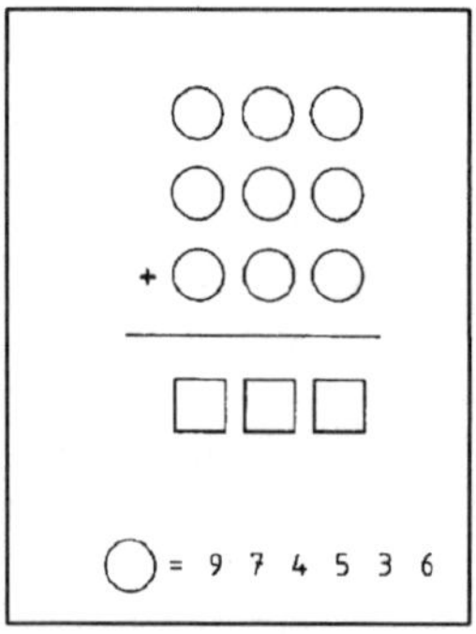

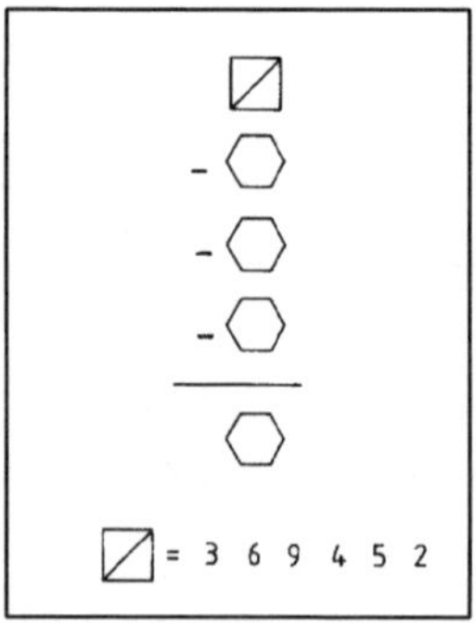

18.

○ □ ○ × □ = □ ▽ □ ○ = 3 6 1 7 4 2

19.

□ × ⊕ ○ = □ ○ ○ = 2 7 6 0 3 8

20.

□ ⬡ : ⬡ = ⬡ ⬡ = 2 7 6 3 4 1

21.

△ : ○ + □ − ◹ = ◹ ◹ = 0 1 2 4

22.

○ □ △
− ⊕
――――――
⊕ ⊕

⊕ = 2 6 9 7 5 8

23.

○ □
○ □
+ ○ □
――――――
⊘ □

□ = 1 2 3 4 5 6

24.

○ □ × □ = ▽ ▽ □ ▽ = 3 4 7 8 1 9

25.

△ ○ △ : △ △ = △ △ △ = 1 6 7 3 5 4

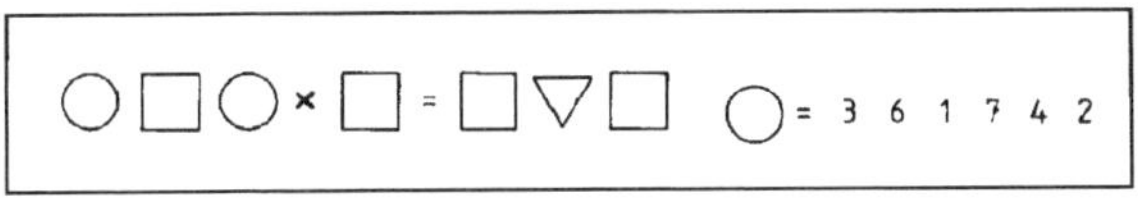

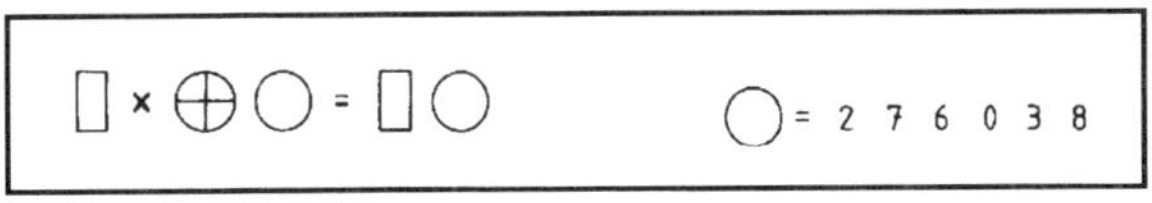

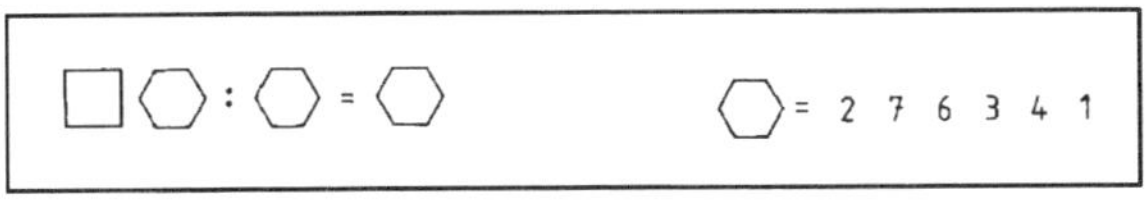

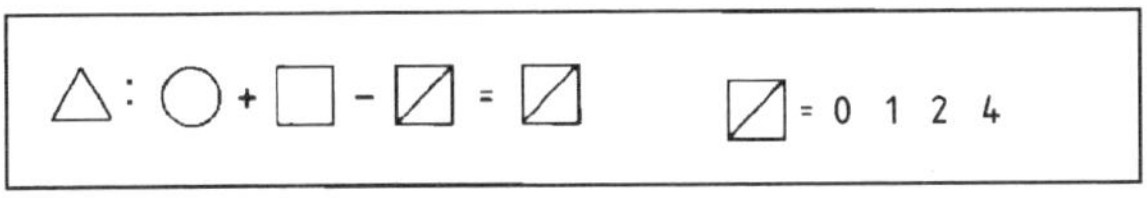

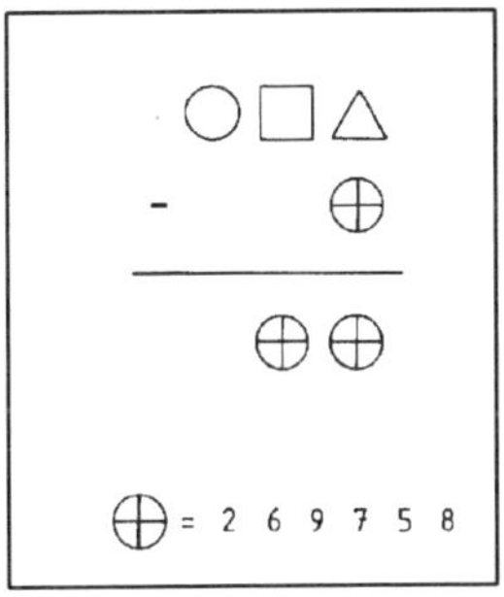

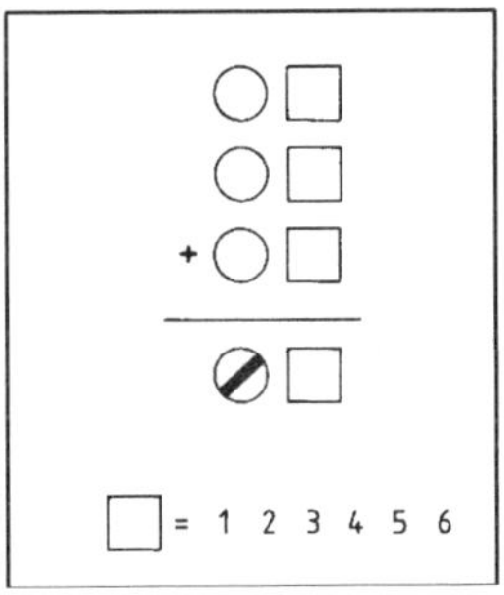

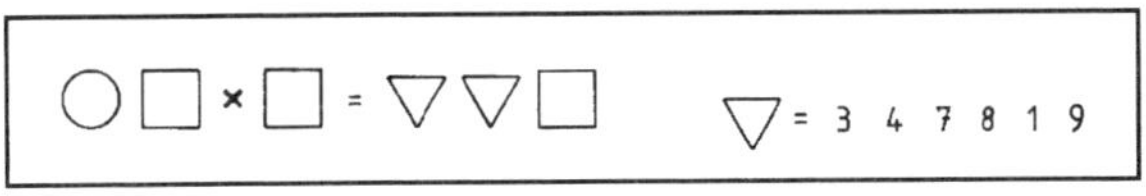

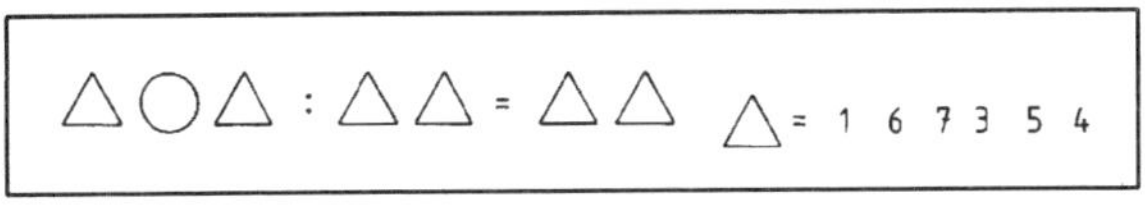

Lösungen Seite 237

Dominos

Hier wird Ihnen eine Gruppe von Dominosteinen präsentiert, in der jeweils der Stein rechts unten fehlt. Ihre Aufgabe ist es nun, aus der rechten Gruppe den Stein zu wählen, der links fehlt, so dass die Gruppe logisch aufgebaut ist.

Hier ein Beispiel:

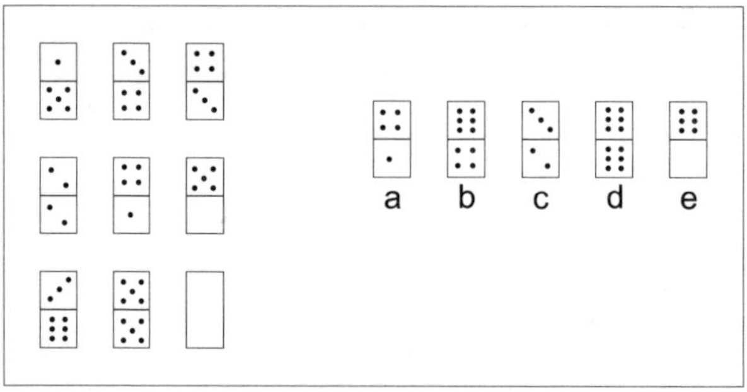

Lösung:

Die beiden ersten Zeilen bauen sich in den oberen Feldern (1 3 4 bzw. 2 4 5) nach dem System »+2 +1« und in den unteren Feldern (5 4 3 bzw. 2 1 0) nach dem System »–1 –1« auf. Somit liegt der Schluss nahe, dass dies auch die Struktur der letzten Zeile sein muss.

Demnach muss im oberen Feld des gesuchten Steines eine 6 und im unteren Feld eine 4 stehen. Dies ist bei Lösungsvorschlag b der Fall.

14 Minuten!

Sie haben 14 Minuten Zeit.

1.

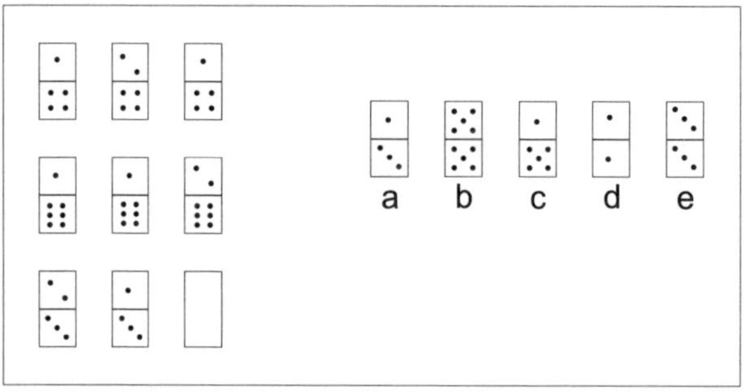

2.

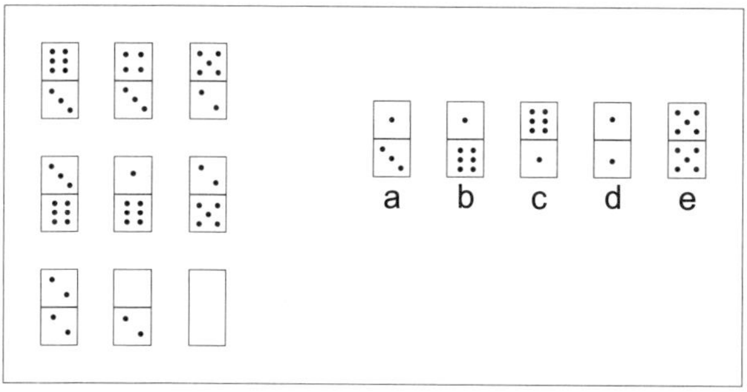

3.

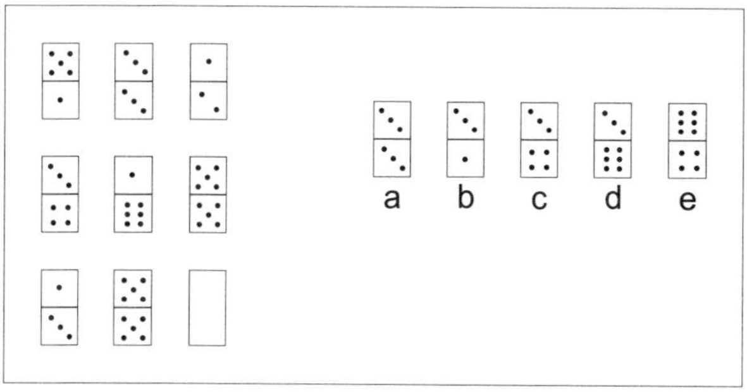

4.

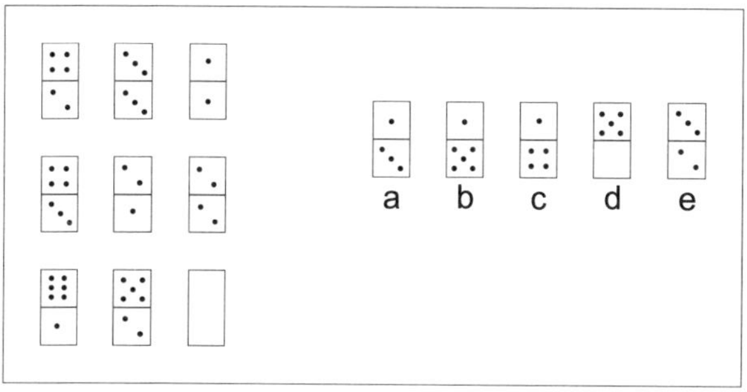

5.

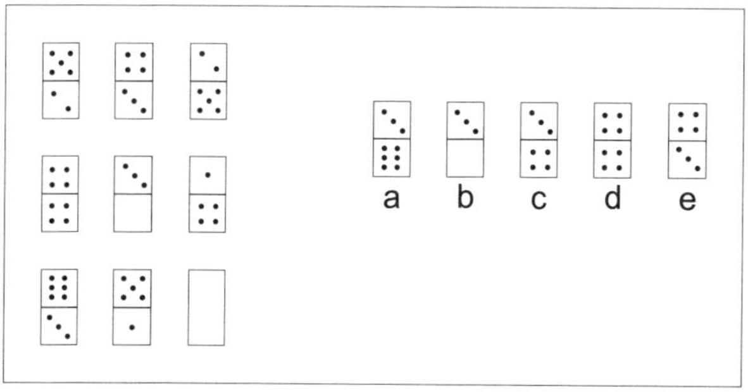

6.

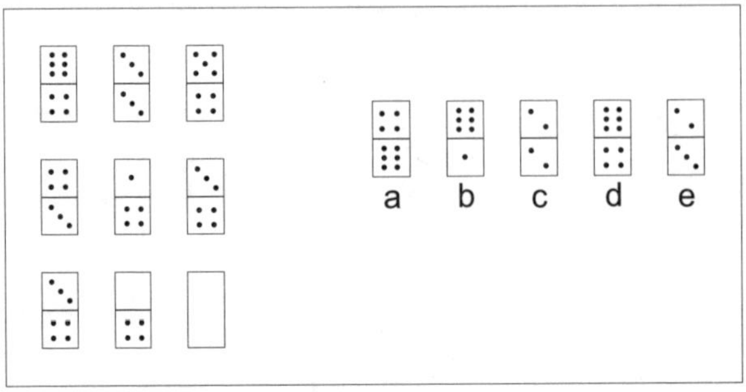

7.

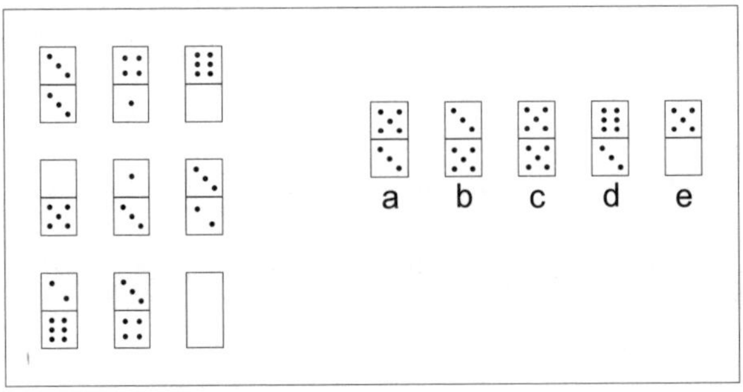

8.

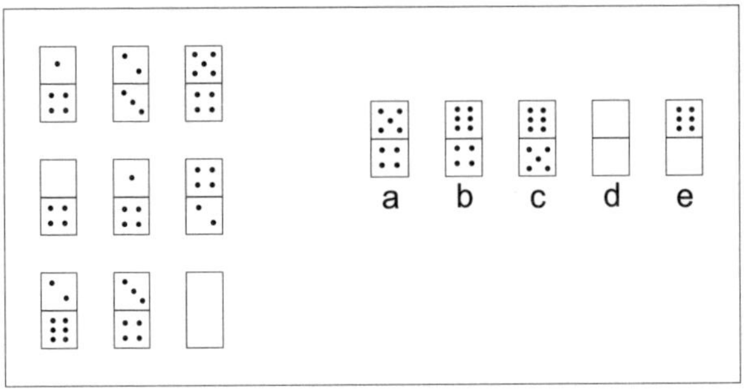

9.

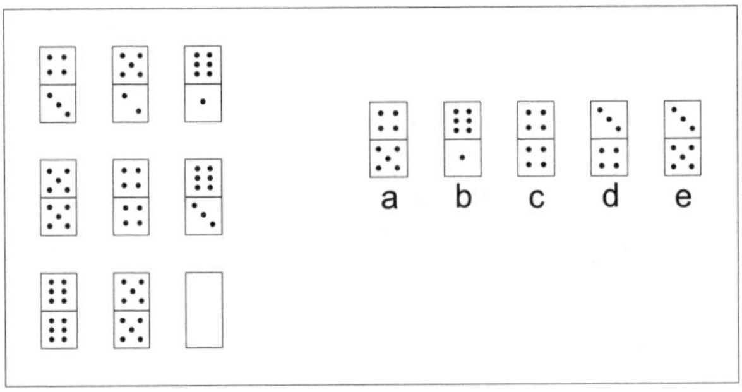

10.

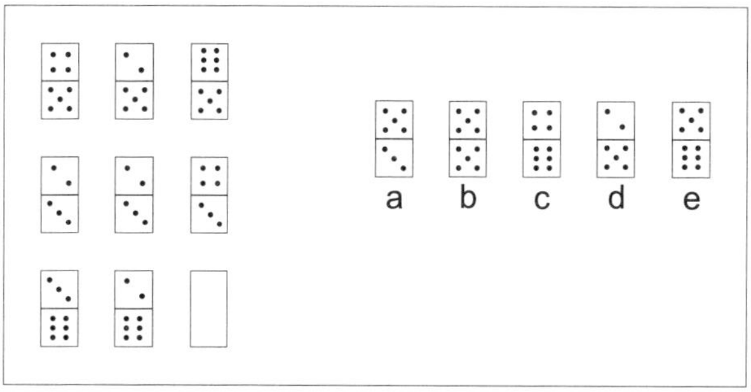

11.

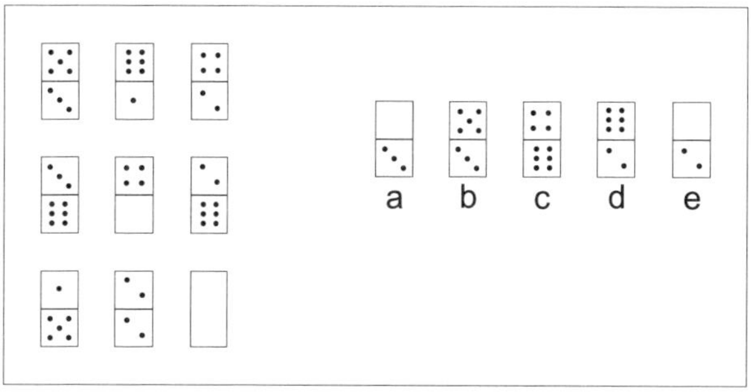

12.

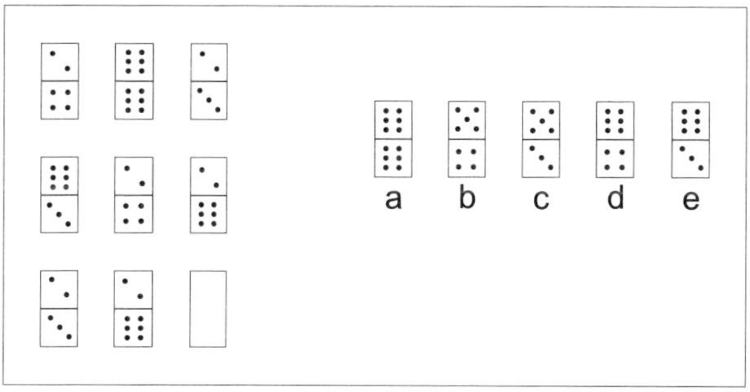

13.

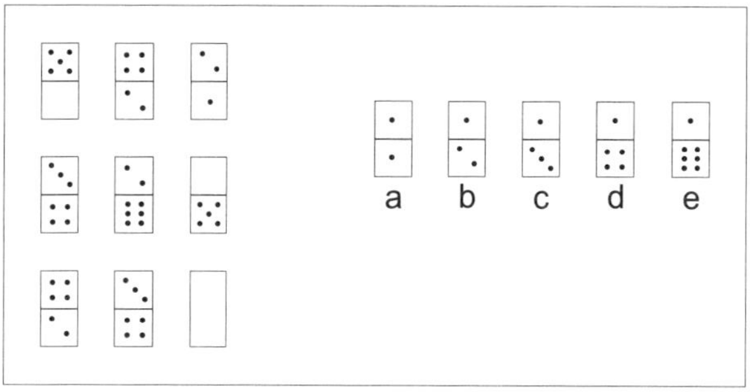

14.

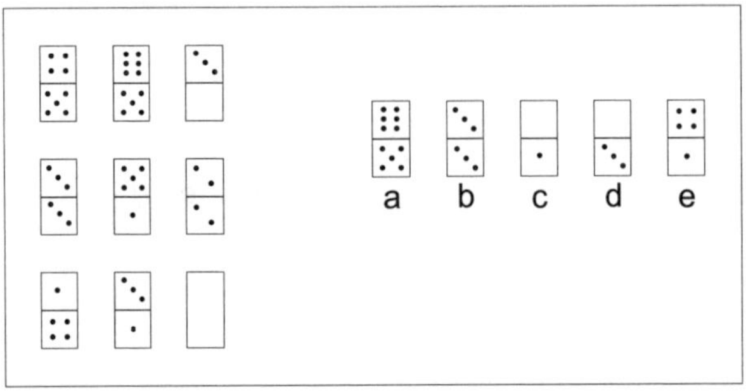

15.

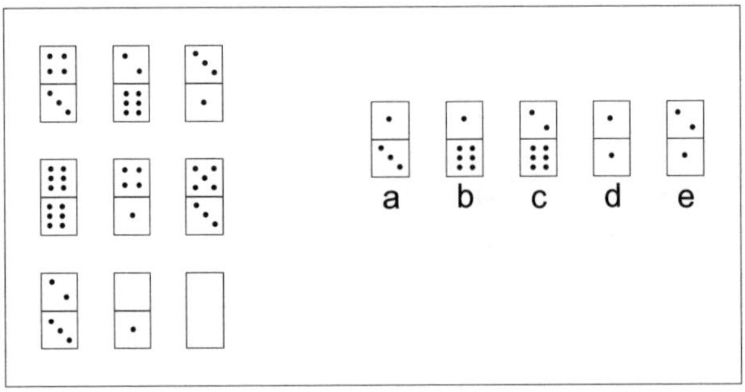

16.

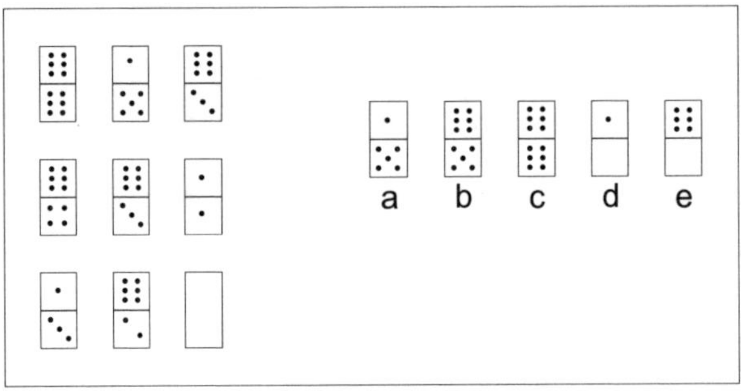

17.

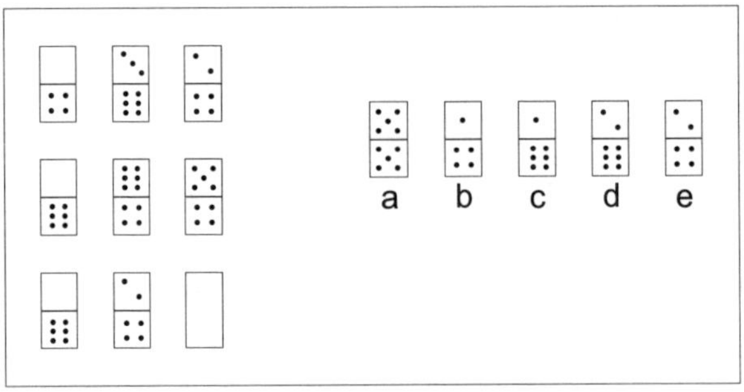

18.

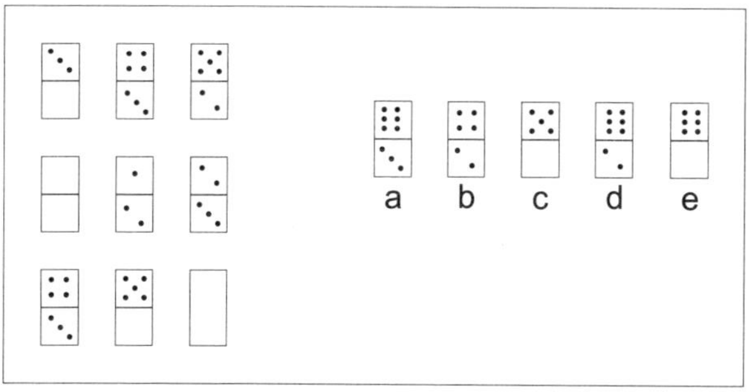

19.

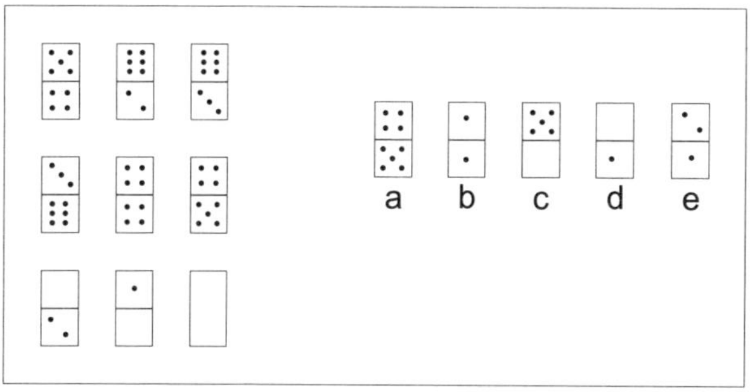

20.

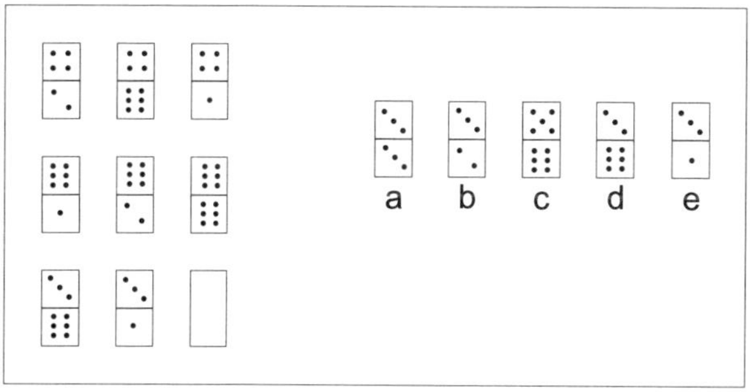

21.

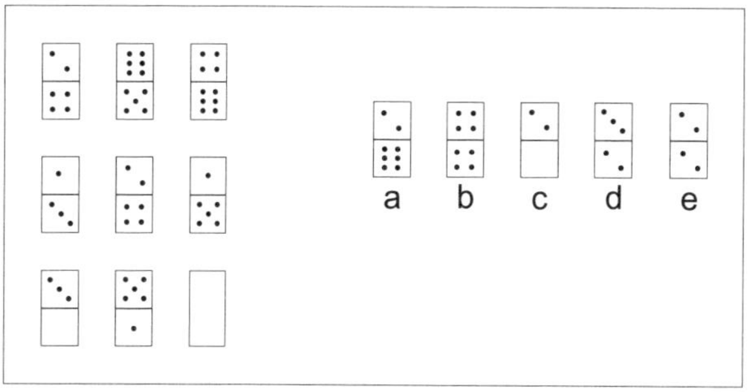

Lösungen
Seite 237

Wochentage

Ihre Aufgabe ist es, aufgrund einer Aussage den gesuchten Wochentag logisch richtig herauszufinden.

Erstes Beispiel:
Heute ist Mittwoch. Welcher Tag war 2 Tage vor vorgestern?

Lösung:
Sonnabend. Heute ist Mittwoch. Demnach war vorgestern Montag. Zwei Tage vorher war Sonnabend.

Zweites Beispiel:
Der 4. Tag der Woche ist Donnerstag. Morgen ist der 2. Tag der Woche. Welcher Tag war gestern?

Lösung:
Sonntag. Wenn Donnerstag der 4. Tag der Woche ist, so ist der 2. Tag Dienstag. Somit ist heute Montag und gestern war Sonntag.

Drittes Beispiel:
Die Wochentage zählen rückwärts (das heißt, der auf Dienstag folgende Tag ist Montag). Welcher Tag war ein Tag vor vorgestern, wenn morgen Sonnabend ist?

Lösung:
Mittwoch. Morgen ist Sonnabend, also ist heute Sonntag. Vorgestern war somit Dienstag. Ein Tag vorher: Mittwoch.

In Bewerbungs- oder Auswahltests sollten Sie auf solche Schikanen wie beim dritten Beispiel vorbereitet sein. Allgemein sehr hilfreich ist es, sich die durch die Voraussetzungen ergebene Reihenfolge der Wochentage aufzuschreiben. Damit kann fast jede Schikane nahezu mühelos überwunden werden.

10 Minuten!

A. Sie haben 10 Minuten Zeit.

1. Morgen ist Sonnabend. Welcher Tag war drei Tage vor gestern?
2. Gestern waren es noch vier Tage bis Freitag. Morgen ist also ...?

3. Vorgestern war Donnerstag. Welcher Tag ist in acht Tagen?
4. Morgen sind es noch zwei Tage bis Dienstag. Welcher Tag war drei Tage vor gestern?
5. Morgen in einer Woche ist Freitag. Also ist übermorgen ...?
6. Vorgestern war vier Tage nach Montag. Welcher Tag ist morgen?
7. Gestern war zwei Tage vor Mittwoch. Also ist in drei Tagen ...?
8. Übermorgen ist Dienstag. Somit war der Tag vor vorgestern ...?
9. In sechs Tagen ist Donnerstag. Gestern war also ...?
10. In acht Tagen ist Freitag der 26. August. Welcher Wochentag war vorgestern?

6 Minuten!

B. Sie haben 6 Minuten Zeit.

1. Der dritte Tag der Woche ist Sonnabend. Welcher Tag ist morgen, wenn gestern der fünfte Tag der Woche war?
2. Der zweite Tag der Woche ist Mittwoch. Der Tag vor vorgestern war der vierte Tag der Woche. Welcher Tag ist heute?
3. Übermorgen wird der dritte Tag der Woche sein. Welcher Tag war gestern, wenn Dienstag der sechste Tag der Woche ist?
4. Gestern war Mittwoch, der fünfte Tag der Woche. In drei Tagen ist also ...?
5. Sonnabend ist ein Tag nach dem fünften Tag der Woche. Welcher Tag ist der dritte Tag der Woche?
6. Vorgestern war der dritte Tag der Woche. Welcher Tag wird morgen sein, wenn Dienstag der erste Tag der Woche ist?
7. Der fünfte Tag der Woche ist Mittwoch. Welcher Tag ist morgen, wenn gestern zwei Tage nach dem siebten Tag der Woche war?
8. Gestern war Dienstag, der sechste Tag der Woche. Somit ist in neun Tagen ...?

10 Minuten!

C. Im folgenden Abschnitt zählen die Wochentage rückwärts. Auf Montag folgt also Sonntag. Sie haben 10 Minuten Zeit.

1. Gestern war zwei Tage nach Freitag. Welcher Tag ist übermorgen?
2. In drei Tagen ist Freitag. Gestern war ...?
3. Vorgestern war drei Tage nach Donnerstag. Der Tag nach übermorgen wird also ... sein?
4. Gestern war Dienstag. Welcher Tag wird drei Tage nach morgen sein?

5. Zwei Tage vor vorgestern war Sonnabend. Welcher Tag wird in zwei Tagen sein?
6. In fünf Tagen wird Freitag sein. Der Tag vor vorgestern war also ...?
7. Vorgestern war zwei Tage nach Mittwoch. Heute ist also ...?
8. Gestern war Sonnabend. Welcher Tag wird in sechs Tagen sein?

10 Minuten!

D. Auch in diesem Abschnitt zählen die Wochentage rückwärts. Sie haben 10 Minuten Zeit.

1. Sonntag ist der fünfte Tag der Woche. Welcher Tag war vorgestern, wenn übermorgen der zweite Tag der Woche sein wird?
2. Dienstag ist zwei Tage nach dem sechsten Tag der Woche. Welcher Tag ist der siebte Tag der Woche?
3. Gestern war der fünfte Tag der Woche. Welcher Tag ist der erste Tag der Woche, wenn übermorgen Freitag ist?
4. Dienstag ist zwei Tage vor dem sechsten Tag der Woche. Welcher Tag ist morgen, wenn vorgestern der dritte Tag der Woche war?
5. Übermorgen wird der vierte Tag der Woche sein. Der sechste Tag der Woche ist Mittwoch. Also war gestern ...?
6. Morgen ist Sonnabend. Welcher Wochentag ist der fünfte Tag der Woche, wenn der Tag vor vorgestern der dritte Tag der Woche war?
7. Wenn heute Donnerstag ist, dann ist in drei Tagen der sechste Tag der Woche. Also ist der erste Tag der Woche ...?

10 Minuten!

E. Für den folgenden Abschnitt sei die Reihenfolge der Wochentage folgende:
Sonnabend-Montag-Mittwoch-Freitag-Sonntag-Dienstag-Donnerstag.
Sie haben 10 Minuten Zeit.

1. Morgen ist Freitag. Also war vorgestern ...?
2. In drei Tagen wird Dienstag sein. Welcher Tag war vor sechs Tagen?
3. Der Tag vor vorgestern war ein Donnerstag. Also ist übermorgen ...?
4. In vier Tagen sind es nur noch zwei Tage bis Sonntag. Somit war vorgestern ...?
5. Übermorgen wird Donnerstag sein. Also war vor drei Tagen ...?
6. Wenn in fünf Tagen Mittwoch ist, dann war vor sechs Tagen ...?
7. Der Tag vor vorgestern war Montag. Also ist in vier Tagen ...?

F. Die Reihenfolge der Wochentage von Aufgabe E bleibt bestehen (also: Sa-Mo-Mi-Fr-So-Di-Do).
Sie haben 10 Minuten Zeit.

10 Minuten!

1. Sonntag war der fünfte Tag der Woche. Welcher Tag wird morgen sein, wenn gestern der erste Tag der Woche war?
2. Donnerstag ist der vierte Tag der Woche. Welcher Tag wird übermorgen sein, wenn vor drei Tagen der zweite Tag der Woche war?
3. Der sechste Tag der Woche ist zwei Tage vor Dienstag. Welcher Tag wird morgen sein, wenn vorgestern der erste Tag der Woche war?
4. In drei Tagen ist der fünfte Tag der Woche. Welcher Tag war gestern, wenn Freitag der zweite Tag der Woche ist?
5. Morgen ist der vierte Tag der Woche. Wenn Dienstag der siebte Tag der Woche ist, dann war vor drei Tagen ...?
6. Heute ist Montag. Wenn übermorgen der dritte Tag der Woche ist, welcher Tag ist dann der sechste Tag der Woche?
7. Mittwoch ist der erste Tag der Woche. Welcher Tag war gestern, wenn übermorgen der fünfte Tag der Woche war?

G. Die Reihenfolge der Wochentage vom letzten Abschnitt wird umgekehrt (also: Do-Di-So-Fr-Mi-Mo-Sa).
Sie haben 10 Minuten Zeit.

10 Minuten!

1. Der zweite Tag der Woche ist Freitag. In vier Tagen wird der siebte Tag der Woche sein. Also war vorgestern ...?
2. Wenn gestern der dritte Tag der Woche war und Mittwoch der sechste Tag der Woche ist, so ist in vier Tagen ...?
3. Der fünfte Tag der Woche war zwei Tage nach Donnerstag. Welcher Tag ist übermorgen, wenn vorgestern der erste Tag der Woche war?
4. In fünf Tagen ist der dritte Tag der Woche. Welcher Tag wird übermorgen sein, wenn Freitag der sechste Tag der Woche ist?
5. Donnerstag ist drei Tage nach dem fünften Tag der Woche. Welcher Tag wird morgen sein, wenn vor vier Tagen der erste Tag der Woche war?
6. Der sechste Tag der Woche ist Montag. Welcher Tag wird in zwei Tagen sein, wenn vorgestern der erste Tag der Woche war?

Lösungen Seite 237

Flussdiagramme

Die folgenden Übungsaufgaben sollen Ihnen Gelegenheit geben, sich mit einem bestimmten Aufgabentyp aus gängigen Eignungsverfahren auseinanderzusetzen.
Eine Reihe von Problemstellungen und möglichen Lösungswegen werden in einem Flussdiagramm schematisch dargestellt. Zur Problemlösung gelangen Sie, indem Sie Schritt für Schritt den Pfeilen des Diagramms folgen.
Bei den Feldern des Flussdiagramms handelt es sich um Handlungsschritte, Fragen oder Antworten (ja oder nein).

Ihre Aufgabe ist es, für die nummerierten Felder aus einer Menge von Lösungsmöglichkeiten jeweils einen richtigen Text auszuwählen, sodass das Diagramm einen stimmigen Problemlösungsablauf aufzeigt.

Ein Beispiel:

Ein Kind sortiert seine Murmeln. Es hat

- rote Murmeln (große und kleine)
- gelbe Murmeln (große)
- blaue Murmeln (kleine)

Die kleinen Roten kommen in den Kasten A,
die großen Roten in den Kasten B, die Gelben in den Kasten C,
die Blauen in den Kasten D.

1. Welcher Text gehört in das Feld 1?
a) Murmel in Kasten B b) Farbe gelb? c) Farbe rot?
d) Farbe blau? d) Ist sie klein?

Lösung: c.
Vorher wurde festgestellt, dass die Murmel groß ist. Wird die hier gestellte Frage mit »ja« beantwortet, so landet die Murmel in Kasten B. Da in diesen Kasten die großen, roten Murmeln gehören, muss hier die Frage, ob die Farbe rot ist, gestellt werden.

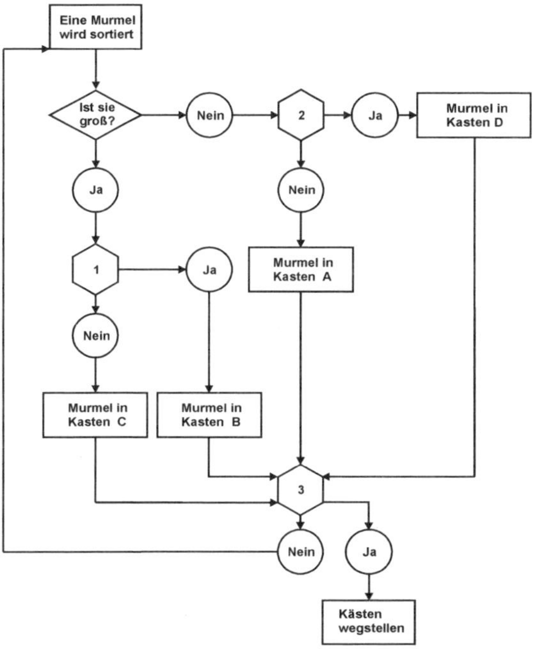

2. Welcher Text gehört in das Feld 2?

a) Ist sie klein? b) Farbe blau? c) Farbe gelb?
d) Murmel in Kasten B e) Farbe rot?

Lösung: b.
Vor dieser Frage wurde gefragt, ob die Murmel groß ist. Da diese Frage verneint wurde, muss sie klein sein. Da Eine Bejahung der Frage dazu führt, dass die Murmel in Kasten D (in den die blauen Murmeln gehören) gelegt wird, muss hier gefragt werden, ob die Murmel blau ist.

3. Welcher Text gehört in das Feld 3?

a) Es sind keine Murmeln, sondern Knöpfe. b) Farbe blau?
c) Kästen weggestellt? d) Alle Murmeln sortiert?
e) Murmeln sind falsch sortiert.

Lösung: d.
Da vorher die zu sortierende Murmel in einem der vier Kästen landete, kann hier nur gefragt werden, ob alle Murmeln sortiert sind.)

10 Minuten! Für die folgenden 2 Aufgaben haben Sie 10 Minuten Zeit.

A. Parkscheinautomat

Das Parkticket im Kaufhaus KAUFMICH kostet:

- 1 €, wenn weniger als eine Stunde lang geparkt oder wenn im Kaufhaus etwas eingekauft wurde
- 1,50 € wenn bis zu 2 Stunden geparkt wurden
- 3 €, wenn länger als 2 Stunden geparkt wurde.

Das folgende Diagramm zeigt einen möglichen Ablauf des Errechnens der Parkgebühr.

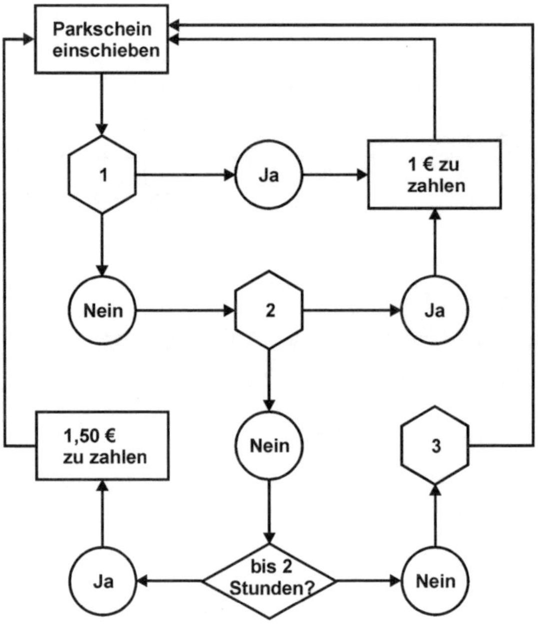

1. Welcher Text gehört in Feld 1?

a) weniger als eine Stunde geparkt? b) Ist die Autofarbe grün?
c) 3 € zu zahlen. d) ungültiges Ticket

2. Welcher Text gehört in Feld 2?

a) Ja b) 2 € zu zahlen? c) Kleingeld dabei?
d) etwas eingekauft?

3. Welcher Text gehört in Feld 3?

a) Nein b) Waren Sie mit Ihrem Einkauf zufrieden?

c) 3 € zu zahlen d) »Auf Wiedersehen. Ihr Kaufhaus KAUFMICH«

13. Zugticket

Ein Reisebüro bietet folgende Zugtickets nach München an:

I. nur Hinfahrt, 100 € II. Hin- und Rückfahrt, 175 €

III. Spartarif (Hin- und Rückfahrt Di oder Do), 150 €

IV. Wochenendtarif (Hinfahrt Fr 22 Uhr, Rückfahrt So 10 Uhr), 130 €

Herr F. muss unbedingt nach München und zwar möglichst preisgünstig.

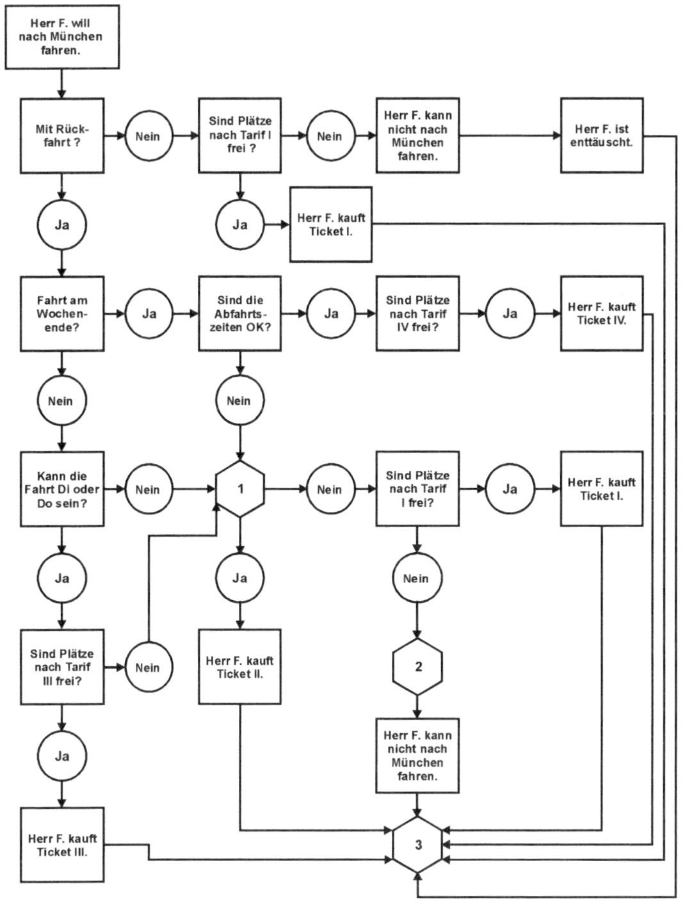

1. Welcher Text gehört in Feld 1?
   a) Kann Herr F. am Dienstag fliegen?
   b) Hat der Kunde das Geld mit?
   c) Herr F. muss das Ticket II kaufen.
   d) Sind Plätze für Tarif IV frei?
   e) Sind Plätze für Tarif II frei?

2. Welcher Text gehört in Feld 2?
   a) Herr F. muss 175 € zahlen.
   b) Herr F. fährt nach Prag.
   c) Ticket III wird ausgestellt.
   d) Ticket II wird ausgestellt.
   e) Ticket kann nicht ausgestellt werden.

3. Welcher Text gehört in Feld 3?
   a) Herr F. kauft das Ticket.
   b) Herr F. nimmt das Ticket.
   c) Herr F. bezahlt das Ticket.
   d) Herr F. steckt das Wechselgeld ein.
   e) Herr F. verlässt das Reisebüro.

Lösungen Seite 238

Textaufgaben

[Ergänzen:
H/S hier noch ein paar Sätze einfügen zur Einleitung ... worauf kommts hier an, was gibt es zu den einzelnen Untergruppen hier zu sagen, usw ...]

15 Minuten!

Dreisatz

Sie haben 15 Minuten Zeit.

1. Ein Motorrad hat einen Verbrauch von 5 Liter Benzin pro 100 km. Wie viel Liter verbraucht es auf einer Strecke von 350 km?
Wie viele Kilometer kann es mit einem 22 Liter fassenden Benzintank fahren?

2. Wie viel bezahlt man für 750 g Kaffee, wenn 200g 5,00 € kosten?

3. Wie viele Flaschen mit einem Fassungsvermögen von 0,75 l benötigt man um 24 l einer Flüssigkeit abzufüllen?

4. Während sich ein großes Zahnrad 27 mal dreht, muss sich ein kleineres 135 mal drehen. Wie viele Male hat sich das kleinere der beiden Zahnräder gedreht, wenn das größere sich 15 mal gedreht hat?

5. Herr Müller kauft für 55 € 10 Dämmplatten. Wie viel müsste er für 13 Stück bezahlen?

6. Die Summe von 8 und einer Zahl verhält sich zu 42, wie die Summe von 10 und dieser Zahl zu 50. Wie heißt diese Zahl?

7. Frau Fischer benötigt für die Zubereitung von Spaghetti Bolognese für ihre 5 Personen umfassende Familie 550 g Hackfleisch. Da für dieses Wochenende 3 weitere Personen zum Essen eingeladen wurden, benötigt sie mehr. Wie viel Gramm Hackfleisch muss sie zusätzlich einkaufen?

8. Ein Nahrungsmittelvorrat reicht für 6 Personen 20 Tage. Wie lange würde er für 15 Personen ausreichen?

15 Minuten!

Prozentrechnung

Sie haben 15 Minuten Zeit.

1. Auf einer Schule mit 600 Schülern nehmen 65 % an Nachmittagsveranstaltungen teil. 55 % der Schüler sind Mädchen. Wie viele Mädchen besuchen auf jeden Fall die Nachmittagsveranstaltungen?

2. Herr Müller hat im Lotto gewonnen und will den Erlös von 6 Millionen Euro mit seiner Verwandtschaft folgendermaßen teilen: Er behält 50 %. Die andere Hälfte soll an seine zwei Kinder gehen, mit der Auflage, dass diese wiederum eine Hälfte an ihre Kinder abgeben. Beide Familien haben jeweils zwei Kinder. Wie viel Geld erhalten jeweils die Enkel?

3. Die Wohnungsmiete der Müllers soll alle fünf Jahre um 5 % steigen. Wie viel zahlen Sie in etwa nach der dritten Mieterhöhung, wenn die Anfangsmiete 900 € betrug?

4. Ein Gemüsehändler erhöht wegen Lieferengpässen seine Preise um 9 %. Nach Überwinden des Engpasses senkt er die Preise wieder um 9 %. Sind die Preise jetzt wieder genauso hoch wie vorher?

5. Wenn das Bruttosozialprodukt des Landes X im ersten Quartal um 8 %, im zweiten um 10 % und im dritten um 6 % steigt und im letzten Quartal dieses Jahres um 10 % sinkt, um rund wie viel Prozent ist es dann in diesem Jahr gestiegen?

6. Im Sommerschlussverkauf kostet ein T-Shirt 20 % weniger. Wie viel musste der Käufer außerhalb des Schlussverkaufes bezahlen, wenn das T-Shirt jetzt 16 € kostet?

7. Max bekommt zu seinem Geburtstag von seinen beiden Großeltern einen Geldbetrag von 850 € für einen neuen Computer geschenkt. Das eine Paar gibt dabei $\frac{1}{3}$, das andere $\frac{3}{8}$ des Kaufpreises. Wie teuer ist der neue Computer?

8. Eine Lottogemeinschaft aus 5 Personen hat einen Gewinn von 36.000 € ausgezahlt bekommen. Drei der fünf beteiligten sich mit 2,00 €, die anderen beiden jeweils mit 1,50 € an dem Los. Wie viel hat jeder Einzelne gewonnen, wenn der Gewinn im Verhältnis zu den Beteiligungen aufgeteilt werden soll?

9. Eine Spedition hat 150 Angestellte. Wie viele Fahrer beschäftigt sie, wenn nur 8 % der Angestellten keine Fahrer sind?

10. In einer Mathematikarbeit schrieben 20 % der Schüler eine 2. Doppelt so viele waren eine Note schlechter. Des Weiteren musste der Lehrer dreimal die Note 5 und einmal die Note 6 verteilen. 4 Schüler durften sich über eine 1 freuen. Eine mit 4 benotete Arbeit gab es nicht. Wie viele Schüler schrieben die Arbeit?

10 Minuten!

Mischungsrechnung

Sie haben 10 Minuten Zeit.

1. Mit wie viel ml 5 %-igen Alkohols müssten 200 ml 30 %-igen Alkohols vermischt werden, um eine 15 %-ige Mischung zu erhalten?

2. Zur Herstellung eines Pfeifentabaks wird argentinischer Tabak zu 55 € pro kg und amerikanischer Tabak zu 44 € das Kilo vermischt. In welchem Verhältnis müssen die beiden Tabaksorten vermengt werden, wenn 100 g des Mischtabaks 5 € kosten sollen?

3. Welche Konzentration hat ein Gemisch aus 250 ml 20 %-iger und 750 ml 12 %-iger Salzsäure?

4. Obsthändler Kramer verkauft 1 Kilogramm Äpfel für 2 €, 1 Kilogramm Birnen für 3 € und 1 Kilo Bananen für 1 €. Im Zuge einer Sonderaktion möchte er einen 4-Kilogramm-Obstkorb im Verhältnis 4:3:3 zusammenstellen. Der Verkaufspreis des Korbes soll 15 % unter dem Einzelverkaufspreis des Obstes liegen. Wie teuer ist der Korb?

10 Minuten!

Gleichungen

Sie haben 10 Minuten Zeit.

1. Ein 6 Meter langer Stahlträger soll so in zwei Teile unterteilt werden, dass der eine Teil 80 Zentimeter länger ist als der zweite. Wie lang ist das kürzere Stück?

2. Die Summe fünf aufeinander folgender gerader Zahlen soll gleich 120 sein. Um welche Zahlen handelt es sich?

3. Ein Aquarium sei 150 Zentimeter breit und 5 Dezimeter hoch. Wie tief muss es sein, wenn das Fassungsvermögen 225 Liter betragen soll? (Man nehme an, das Aquarium wird bis zu seinem oberen Rand gefüllt.)

4. Bei einem Ehepaar beträgt der Altersunterschied 8 Jahre. Wie alt ist der jüngere Partner, wenn das Lebensalter der beiden zusammen 96 Jahre beträgt?

5. Die Summe zweier Zahlen betrage 2331. Ihre Differenz ist 121. Um welche beiden Zahlen handelt es sich?

6. Wenn ich sage, in 8 Jahren bin ich doppelt so alt wie ich vor 2 Jahren war, wie alt bin ich dann jetzt?

7. Eine Pflanze mit Übertopf kostet 38 €. Wie viel kostet die Pflanze ohne Übertopf, wenn dieser 10 € günstiger als die Pflanze ist?

Denkaufgaben

Sie haben 10 Minuten Zeit.

1. Herr Richter schenkt seiner Frau zum Geburtstag 20 Schnittblumen. Der Strauß besteht aus zwei verschiedenen Rosensorten: gelbe für 1,50 € das Stück und rote für 2,30 € das Stück. Insgesamt bezahlt er 35,60 €. Wie viele rote Rosen verschenkt er und wie viel gelbe?

2. Eine Zahl quadriert ergibt dasselbe wie die um 6 kleinere Zahl mit 6 potenziert. Welches ist die erste Zahl?

3. Wie heißt die siebenhundertsechsundneunzigste Zahl der Zahlenreihe
0 3 6 9 12 15 ...?

4. Eine Tafel Schokolade (4 mal 6 Stücke) soll einzeln zerbrochen werden, d.h. es wird immer nur ein Bruch gemacht und es werden keine Stücke übereinander gelegt (um sie dann gleichzeitig zu brechen). Wie viele Brüche sind (mindestens/höchstens) notwendig um die Tafel in ihre Einzelstücke zu zerlegen?

5. Karl schlägt Max ein Spiel vor. Sie werfen 5 schwarze, 3 weiße und 2 grüne Chips in einen Beutel. Dann zieht Karl 2 Chips aus dem Beutel. Karl gewinnt, wenn er 2 Chips gleicher Farbe oder beim ersten Zug einen grünen Chip zieht. Max gewinnt in allen andern Fällen. Nachdem Max dreimal hintereinander verloren hat, beschwert er sich, das Spiel sei ungerecht, seine Siegeschance wäre geringer als die von Karl. Hat er recht?

Lösungen Seite 240

Interpretation von Schaubildern

Im Folgenden werden Ihnen drei Schaubilder präsentiert. Ihre Aufgabe ist es, den Wahrheitsgehalt der unter dem Diagramm stehenden Aussagen mit Hilfe des jeweiligen Diagrammes zu prüfen.

12 Minuten! Für die Bearbeitung der drei Schaubilder haben Sie insgesamt 12 Minuten Zeit.

A. Klima

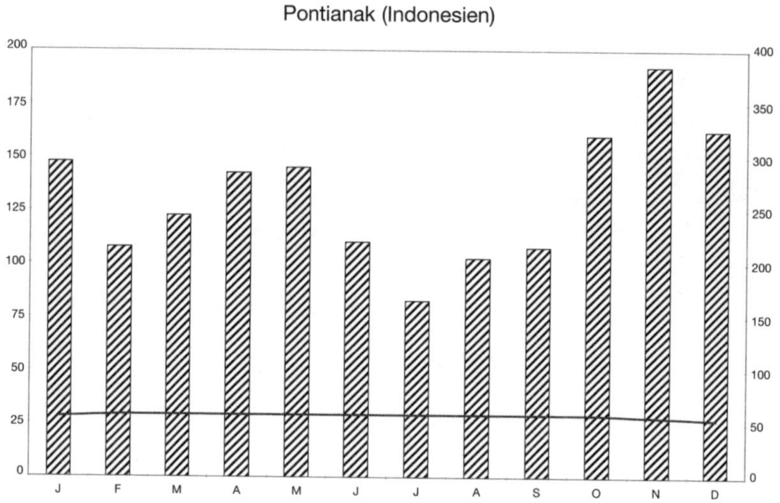

Das Diagramm zeigt Temperatur- und Niederschlagswerte von Pontianak (Indonesien). Welche der folgenden Aussagen sind richtig bzw. falsch?

1. In Pontianak ist es ganzjährig feucht?
a) stimmt b) stimmt nicht

2. Die Temperaturkurve ist nahezu konstant.
a) stimmt b) stimmt nicht

3. November und Januar sind die niederschlagsreichsten Monate im Jahr.
a) stimmt b) stimmt nicht

4. In Pontianak fallen jährlich über 5000 mm Niederschlag.
a) stimmt   b) stimmt nicht

5. Die Jahresdurchschnittstemperatur liegt etwa bei 28°C.
a) stimmt   b) stimmt nicht

6. Der Juli ist der niederschlagsärmste Monat im Jahr.
a) stimmt   b) stimmt nicht

B. Wirtschaft

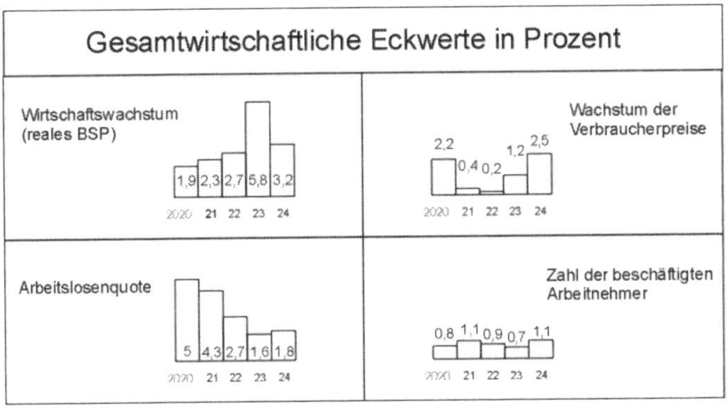

Unter der Bezeichnung »magisches Viereck« versteht man in der Volkswirtschaftslehre die Kombination folgender Daten:
Wirtschaftswachstum, Verbraucherpreise, Arbeitslosenquote und Zahl der beschäftigten Arbeitnehmer.
Welche Aussagen sind aufgrund der obigen Grafik richtig oder falsch?

1. Die Arbeitslosenquote ging in den letzten 5 Jahren stetig zurück.
a) stimmt   b) stimmt nicht

2. Das Bruttosozialprodukt ist in den letzten Jahren um 15,9 % gestiegen.
a) stimmt   b) stimmt nicht

3. Die Verbraucherpreise sind in den letzten Jahren stetig gestiegen.
a) stimmt   b) stimmt nicht

4. Im Zeitraum 2021 bis 2022 ist die Arbeitslosenquote am stärksten gefallen.
a) stimmt   b) stimmt nicht

5. Der Anstieg der Verbraucherpreise hat sich ab 2022 stark beschleunigt.
a) stimmt   b) stimmt nicht

6. Das BSP war 2024 geringer als 2023.
a) stimmt   b) stimmt nicht

7. Die absolute Zahl der Arbeitslosen war 2023 geringer als 2022.
a) stimmt   b) stimmt nicht

8. Die Arbeitslosenquote war mit 5% im Jahr 2020 am höchsten.
a) stimmt   b) stimmt nicht

9. Im beobachteten Zeitraum sind die Verbraucherpreise insgesamt um rund 6,6% gestiegen.
a) stimmt   b) stimmt nicht

C. Klima II

Jahr	A-Stadt			B-Stadt			C-Stadt			D-Stadt		
	HT	NT	JN	HT	NT	JN	HT	NT	JN	HT	NT	JN
2000	33	10	100	28	10	56	22	12	77	26	07	71
2001	31	08	98	33	11	55	21	11	85	31	06	79
2002	30	11	91	29	15	85	22	12	88	30	10	85
2003	33	09	85	32	15	75	25	15	84	29	03	84
2004	35	10	99	34	17	79	26	11	69	28	01	89

Eine Klimatabelle ist eine andere Variante, an der das Klima in Regionen untersucht werden kann. Bevorzugt wird eine solche Tabelle, um das Klima mehrerer Regionen oder Städte (wie in unserem Beispiel) zu vergleichen. Dabei werden z.B. die höchste und die niedrigste in einem Jahr gemessene Temperatur (HT bzw. NT) sowie der durchschnittliche Jahresniederschlag (JN) verglichen.

Anders als in den vorigen Aufgaben sollen Sie nun die folgenden Fragen beantworten.

1. In welcher Stadt wurde im Beobachtungszeitraum die höchste Höchsttemperatur gemessen?

2. In welcher Stadt und wann wurde die niedrigste Temperatur gemessen?

3. In welcher Stadt fiel in welchem Jahr am meisten Niederschlag?

4. Welche Stadt hatte die höchsten Temperaturschwankungen in einem Jahr und wann war das?

5. In welcher Stadt wurden (über die 5 Jahre gesehen) durchschnittlich die höchsten Temperaturen gemessen, in welcher die niedrigsten?

6. In welchen Städten fiel im Beobachtungszeitraum durchschnittlich am meisten / am wenigsten Niederschlag?

7. Welche Stadt hatte in den 5 Jahren die höchsten Schwankungen bei den Jahresniederschlägen?

8. In welchem Jahr fiel durchschnittlich der meiste Niederschlag?

9. In welcher Stadt fiel in welchem Jahr der geringste Niederschlag?

10. Welche Stadt hat über den gesamten Beobachtungszeitraum gesehen die höchsten Schwankungen bezüglich der Höchsttemperatur zu verzeichnen?

Lösungen Seite 241

Modellanalyse

Zu Beginn wird Ihnen ein einfaches Modell über das Zusammenwirken verschiedener Größen vorgestellt. Komplexere Modelle dieser Art dienen u. a. der Vorhersage wirtschaftlicher Entwicklungen. Das hier vorgestellte Modell besteht zunächst aus fünf Definitionen (D1 bis D5) in Form von Modellgleichungen, die so aufeinander bezogen sind, dass alle unbekannten Bestimmungsstücke einer Größe durch weitere Definitionen erklärt werden.
Die ersten Aufgaben, die Ihnen im Anschluss an die Vorstellung des Modells gestellt werden, können anhand der in diesen Definitionen enthaltenen Informationen gelöst werden. Für die Beantwortung späterer Aufgaben werden (jeweils an entsprechender Stelle) die Definitionen teilweise modifiziert bzw. es werden weitere Definitionen hinzugefügt.

Die nun folgenden Definitionen und konkret angegebenen Werte gelten für alle Aufgaben, *soweit nicht ausdrücklich eine andere Festlegung getroffen ist.*

Definitionen:

D1: $A_t = 260 + A_{t-1} - 2B_t$
$A_{t_0-1} = 20$

D2: $B_t = 75 - 0{,}2C_t$

D3: $C_t = 110 - 0{,}5A_{t-1}$

D4: $D_t = 10 + 15\frac{E_{t-1}}{A_t}$

D5: $E_t = 3B_t + 4A_t$
$E_{t_0-1} = 400$

Der Index t stehe dabei für ein beliebiges, t_0 für das aktuelle Jahr. Demnach steht t_0-1 für das letzte Jahr.
Beachten Sie: Soll eine Definition, in der Größen mit dem Index t vorkommen, auf das Jahr davor angewandt werden, so sind alle Indizes in der Gleichung um 1 zu vermindern. Gilt beispielsweise für das Jahr t die Definition: $X_t = Y_t + Z_{t-1}$, dann gilt für das Jahr $X_{t-1} = X_{t-1} + Z_{t-2}$:

45 Minuten! Für die Bearbeitung der 6 Aufgaben haben Sie 45 Minuten Zeit.

1. Welchen Wert hat die Größe C im aktuellen Jahr?

2. Welchen Wert hat die Größe E im aktuellen Jahr?

3. Angenommen (nur für diese Aufgabe!) die Größe A hätte im aktuellen Jahr den Wert 80. Welchen Wert hätte dann die Größe D im aktuellen Jahr?

4. Welche der folgenden Aussagen lässt bzw. lassen sich aus dem Modell ableiten?

a) Der Wert der Größe A im jeweiligen Vorjahr wirkt sich auf den Wert der der Größe B im Jahr t aus.
b) Der Wert der Größe B im Jahr t wirkt sich auf den Wert der Größe D im Jahr t aus.
c) Der Wert der Größe D im Jahr t-1 wirkt sich auf den Wert der Größe A im Jahr t aus.

5. Angenommen, der Wert der Größe A_{t_0-1} wäre halb so groß wie oben angegeben. Wie wirkt sich dies auf die Größe D_{t_0} aus? Wird Sie kleiner, größer oder bleibt Sie gleich?

6. Angenommen, statt der Werte der Größen A und E im Vorjahr (t_0-1) wäre nur der Wert der Größe B im aktuellen Jahr vorgegeben. Welche der folgenden Größen lassen sich dann anhand der Gleichungen berechnen?

a) A_{t_0-1} b) E_{t_0} c) D_{t_0} d) E_{t_0-1}

Lösungen Seite 241

20 Minuten!

Zeichengebundene Logik

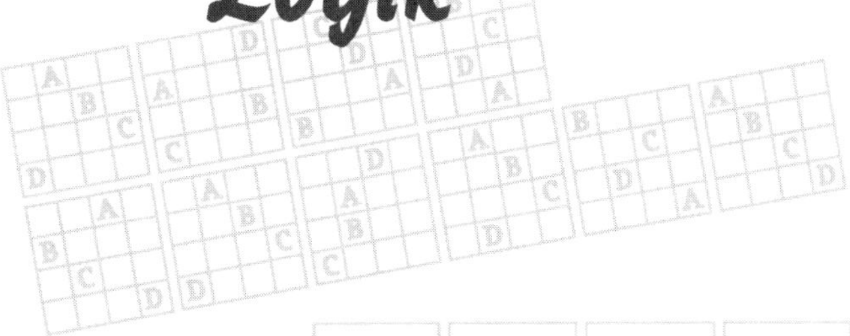

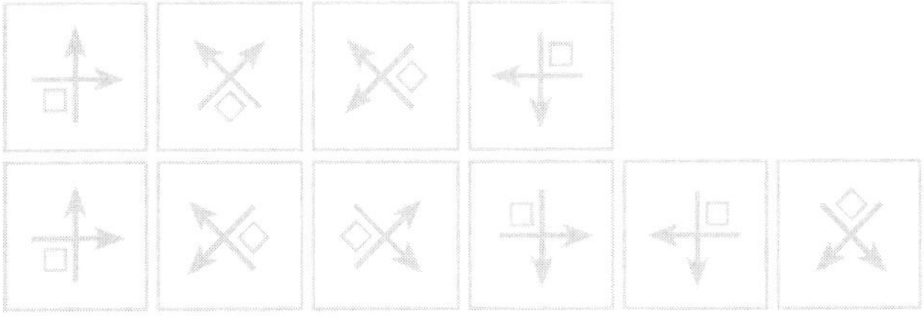

Den Wald vor lauter Bäumen nicht sehen – diesen Ausdruck kennen Sie. Hier geht es um ähnliche Probleme und Sie müssen genau hinsehen, kombinieren und richtig erkennen, was genau passt.

Da begegnen Ihnen zum Beispiel Bilderreihen, und Ihre Aufgabe ist es, das Aufbausystem der Bilderreihe und ihrer Symbole zu durchschauen. Oder Ihre Aufgabe ist es, aus den vorgegebenen Lösungsmöglichkeiten die Grafik auszuwählen, die das fehlende Symbol in der »Grafiken-Gleichung« ergänzt. Dabei besteht zwischen den beiden Grafiken vor dem Gleichheitszeichen eine Beziehung, die in ähnlicher Form auch zwischen den beiden Grafiken hinter dem Gleichheitszeichen bestehen soll.

Hier verhält sich also das Rechteck zum Quadrat wie die Ellipse zum Kreis. Die richtige Lösung ist also a.

Die Beziehungen, die zwischen den einzelnen Grafiksymbolen hergestellt werden, sind von Aufgabe zu Aufgabe unterschiedlich.
Wir zeigen Ihnen im Folgenden die Strukturen und Muster, nach denen die zeichengebundene Logik funktioniert. Üben Sie Ihren Blick und Sie werden viele Aufgaben beim nächsten Mal schneller und sicherer lösen können!

Sinnvoll ergänzen 1

Bei diesem Aufgabentyp werden Ihnen Reihen von Grafiken präsentiert. Ihre Aufgabe ist es, aus den unter den Reihen vorgeschlagenen Grafiken die Grafik auszuwählen, die die jeweilige Reihe logisch richtig fortsetzt.

Beispiel:

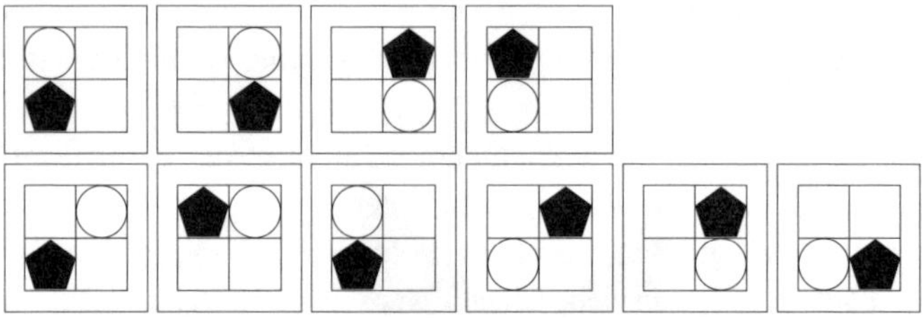

a b c d e f

Lösung:
Hier werden der weiße Kreis im Uhrzeigersinn und das schwarze Fünfeck gegen den Uhrzeigersinn verschoben.
Damit muss der Kreis im fünften Bild links oben und das Fünfeck links unten stehen. Die richtige Lösung lautet daher c.

Ein zweites Beispiel:

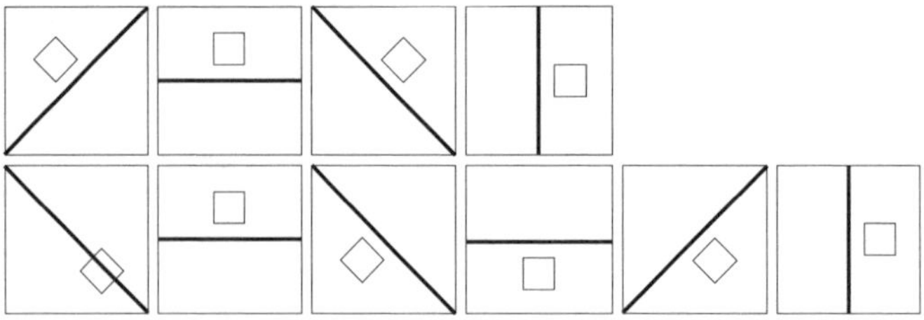

a b c d e f

Lösung:
Wenn man Quadrat und Strich als eine Figur betrachtet, so wird diese bei jedem Schritt um 45° im Uhrzeigersinn gedreht. Die richtige Antwort lautet also e.

10 Minuten!

Für die nun folgenden 12 Aufgaben haben Sie 10 Minuten Zeit.

1.

a b c d e f

2.

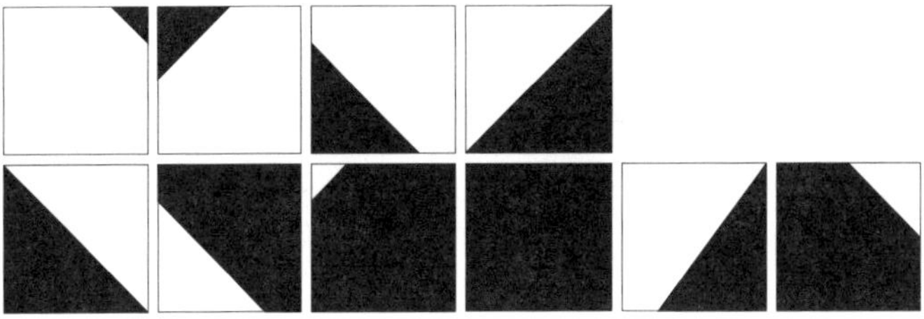

a b c d e f

3.

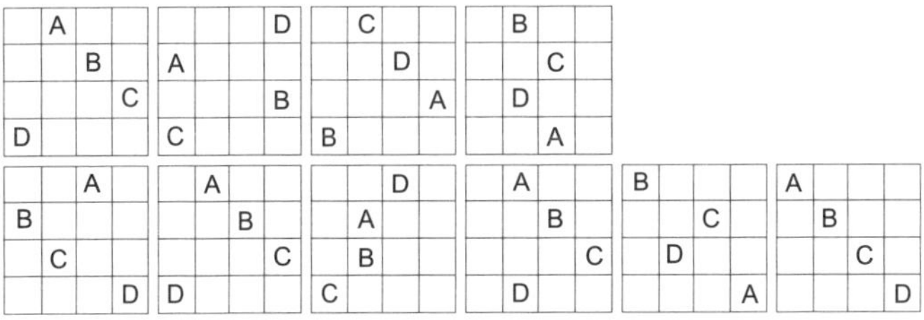

a b c d e f

4.

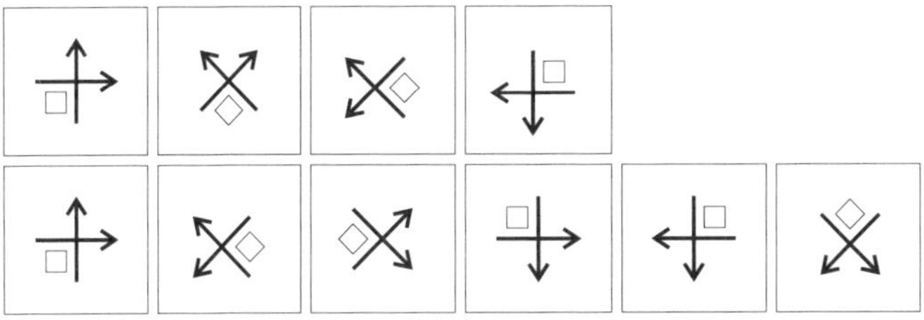

a b c d e f

5.

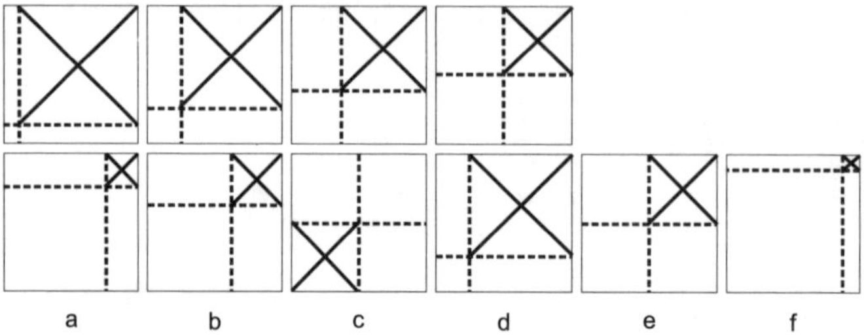

6.

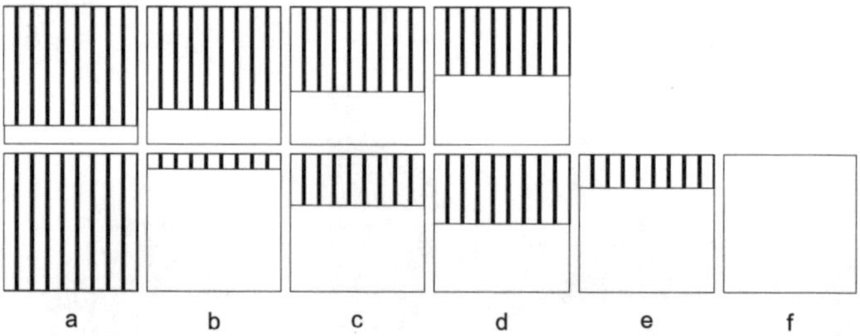

7.

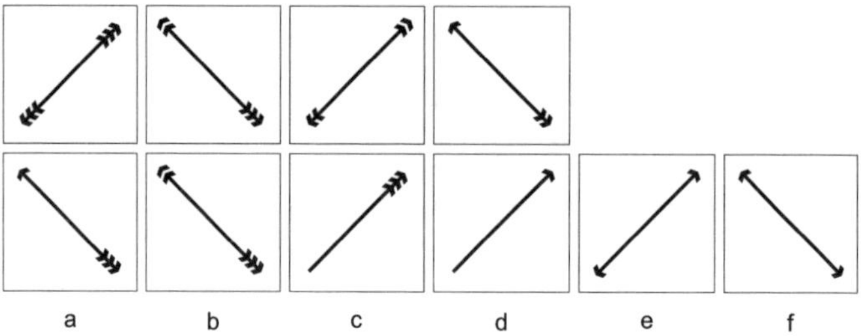

8.

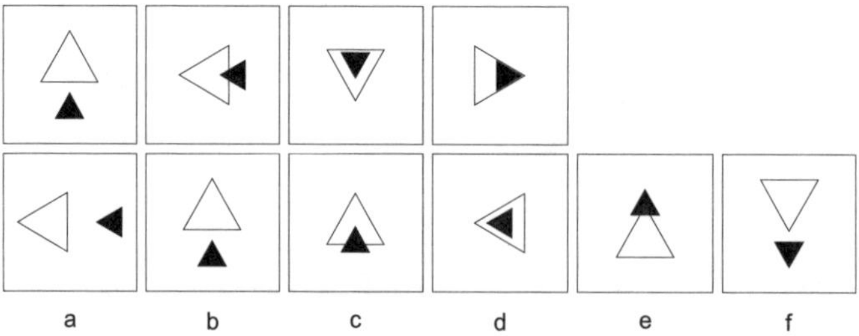

9.

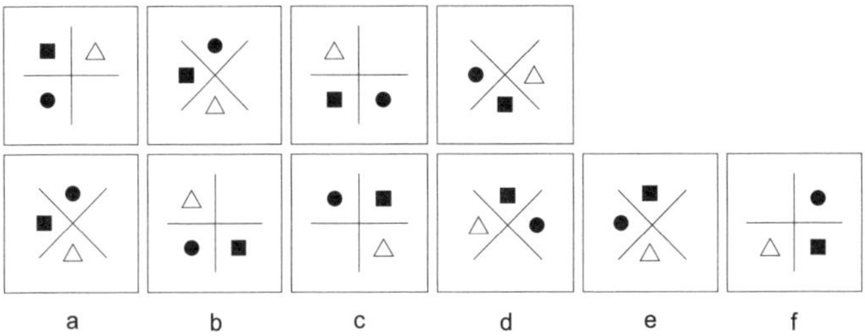

10.

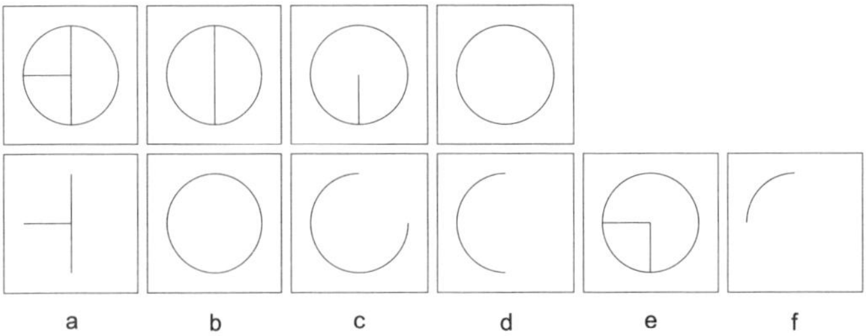

11.

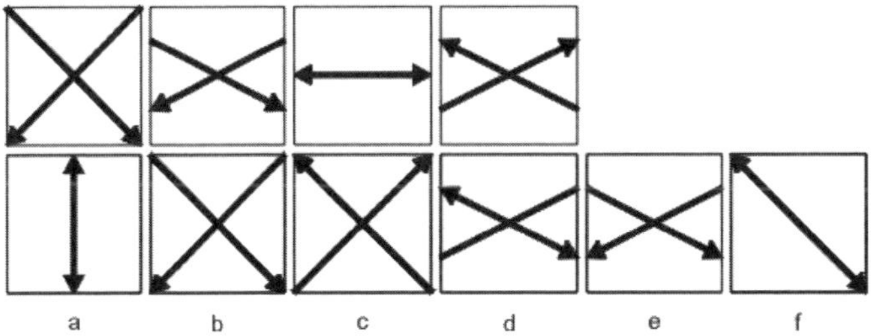

12.

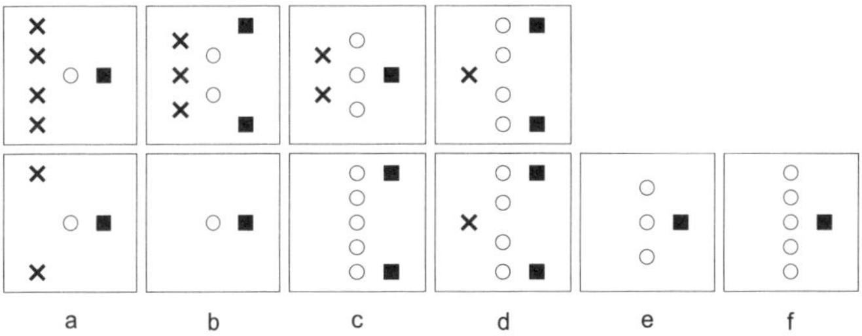

Lösungen Seite 242

Sinnvoll ergänzen 2

Bei diesem Aufgabentyp werden Ihnen in einem großen Quadrat vier oder neun kleine Quadrate präsentiert, wobei in jeder Aufgabe das Quadrat rechts unten fehlt. Ihre Aufgabe ist es, aus den zur Verfügung stehenden Lösungsmöglichkeiten das Lösungsquadrat zu wählen, welches logisch sinnvoll in das große Quadrat passt.

Ein Beispiel:

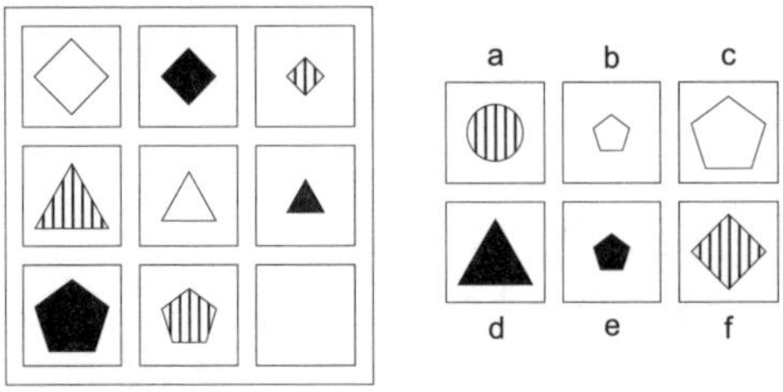

Lösung: b.
In jeder Zeile sind jeweils die gleichen Figuren zu sehen. Davon ist jeweils eine schwarz, eine weiß und die dritte gestreift. Des Weiteren nimmt die Größe nach rechts hin ab.

Ein zweites Beispiel:

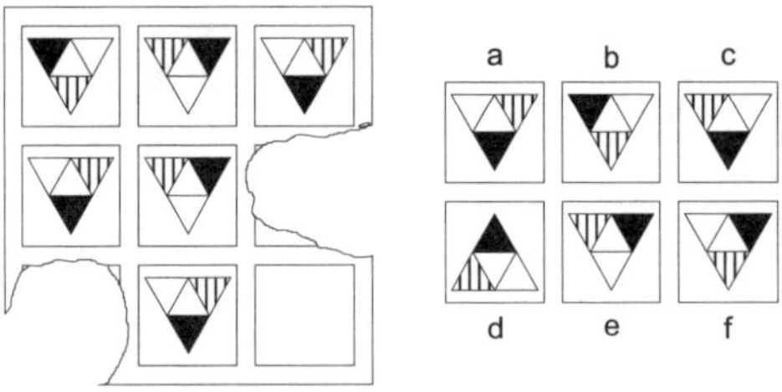

Wie Sie sehen, kann sich der Schwierigkeitsgrad auch erhöhen, indem Quadrate der Figur unleserlich werden. Trotzdem lässt sich mit den verbleibenden Quadraten eine Struktur und damit eine Lösung finden. In diesem Beispiel erkennt man, dass die kleinen Dreiecke mit jedem Schritt (waagerecht) ihre Positionen in der ersten Zeile mit und in der zweiten Zeile gegen den Uhrzeigersinn wechseln. Es ist daher anzunehmen, dass sie sich in der dritten Zeile wieder im Uhrzeigersinn drehen. Somit bleibt nur Lösung b als einzig richtige Fortsetzung der Figur.

10 Minuten!

Versuchen Sie sich nun selbst. Sie haben 10 Minuten Zeit.

1.

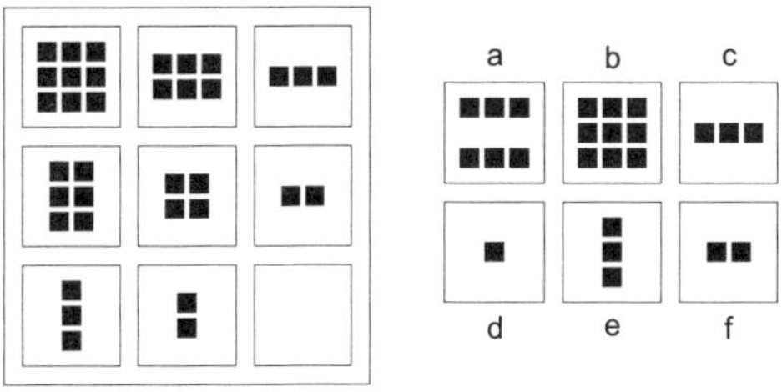

2.

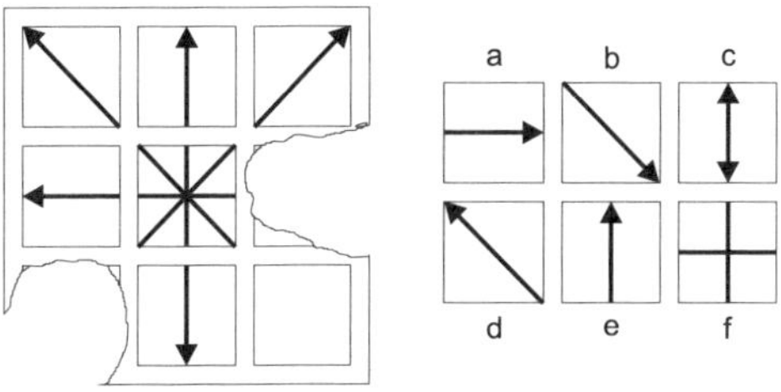

3.

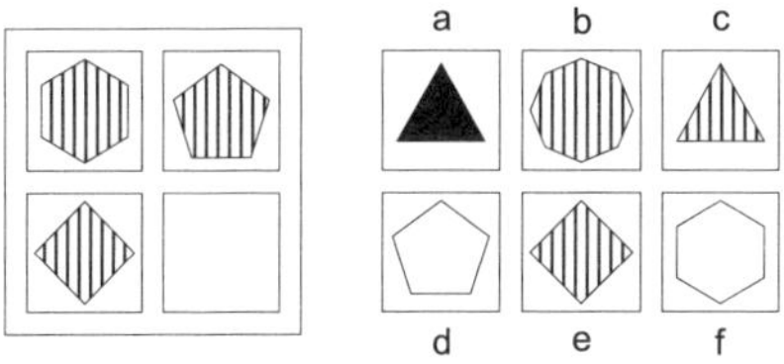

4.

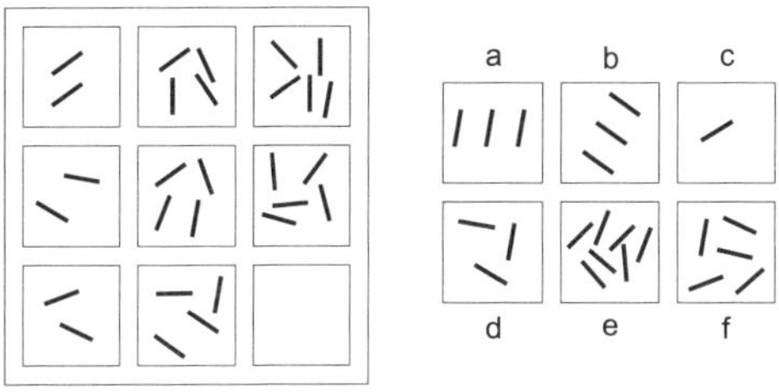

5.

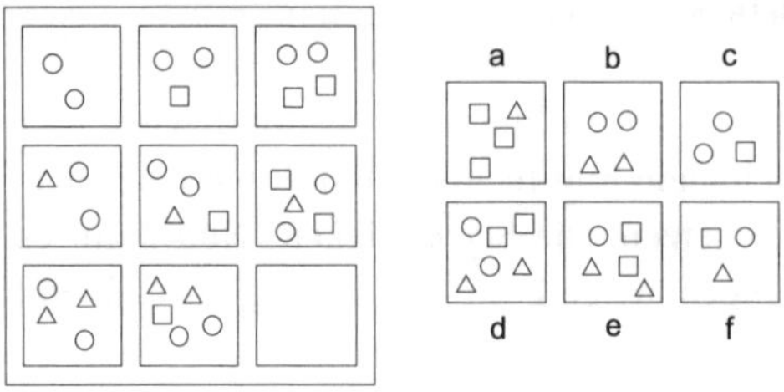

6.

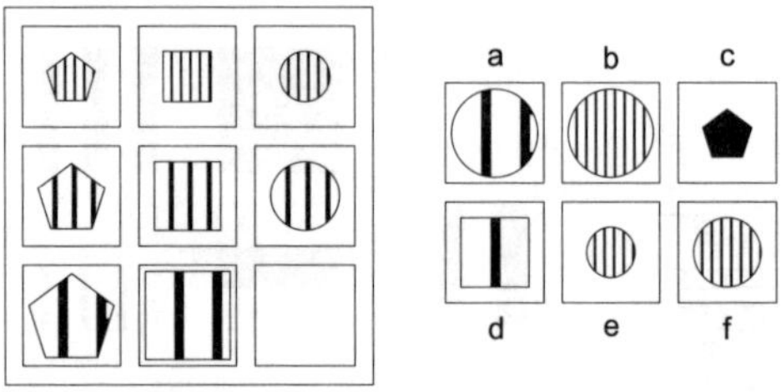

7.

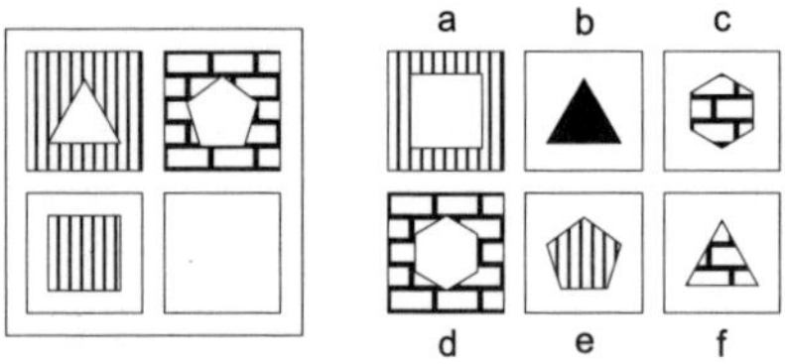

Lösungen Seite 243

Sinnvoll ergänzen 3

Ähnlich der letzten Aufgabe werden Ihnen wieder Matrizen präsentiert. Ihre Aufgabe ist es, das fehlende Bild rechts unten durch eines der 8 zur Verfügung stehenden zu ersetzen. Die Schwierigkeit: Nun kann es vorkommen, dass keine der angebotenen Lösungen richtig ist. Wählen Sie in diesem Fall die Lösung i.

10 Minuten!

Sie haben 10 Minuten Zeit.

1.

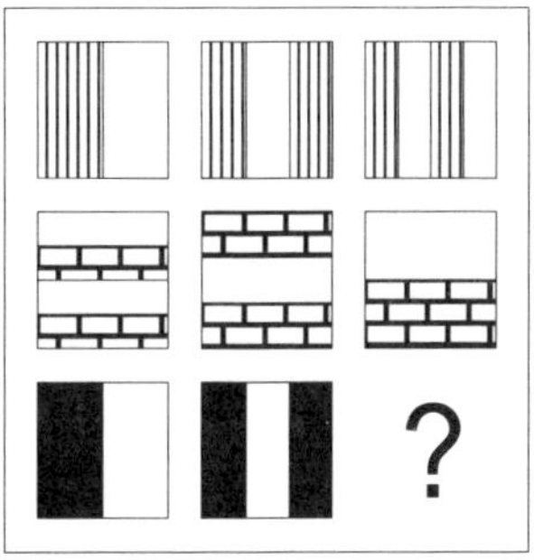

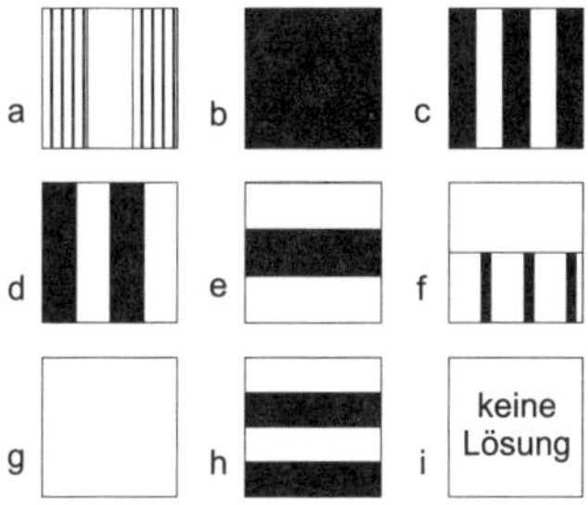

2.

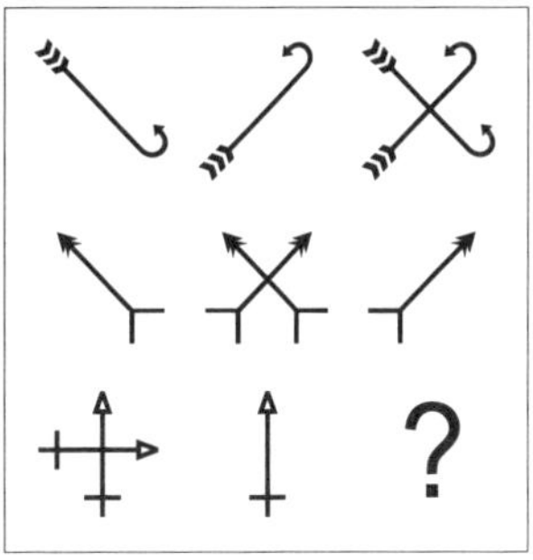

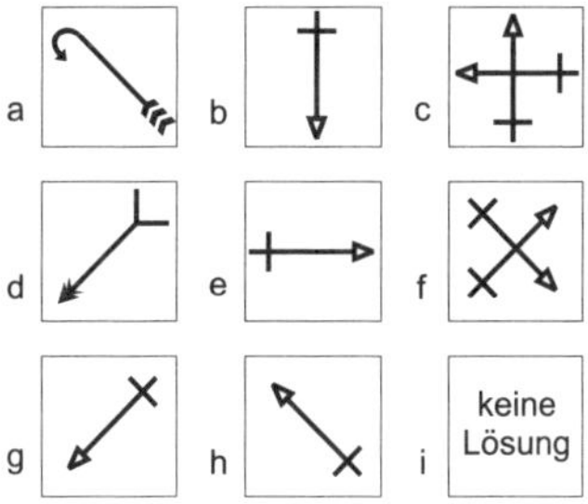

3.

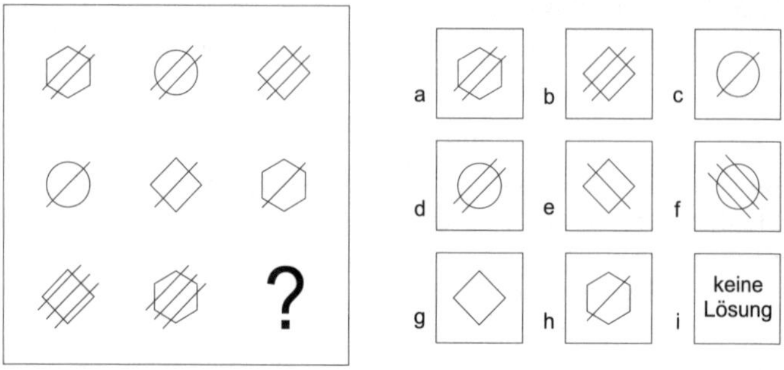
?
a
b
c
d
e
f
g
h
i
keine Lösung

4.

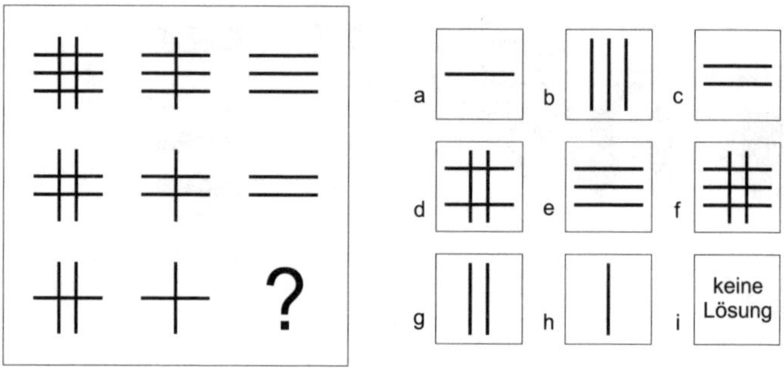
?
a
b
c
d
e
f
g
h
i
keine Lösung

5.

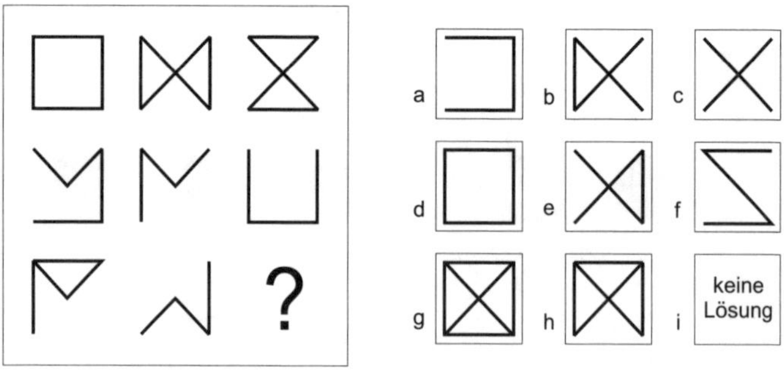
?
a
b
c
d
e
f
g
h
i
keine Lösung

6.

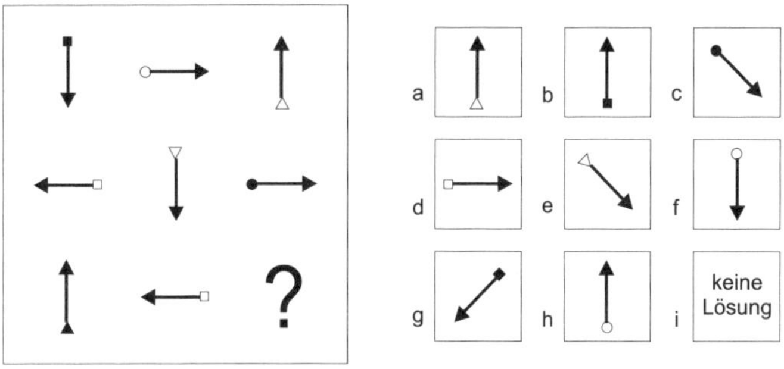

7.

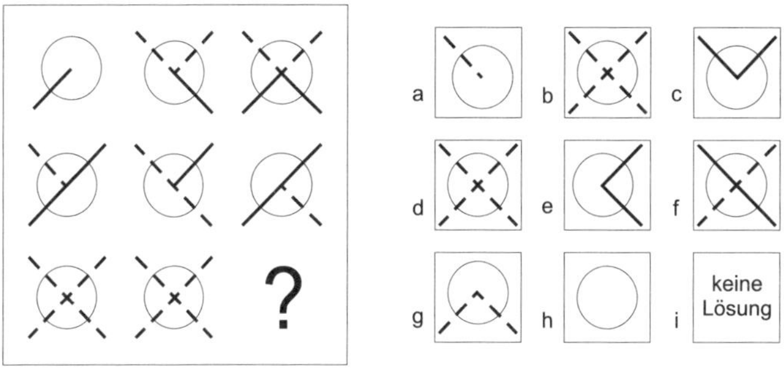

8.

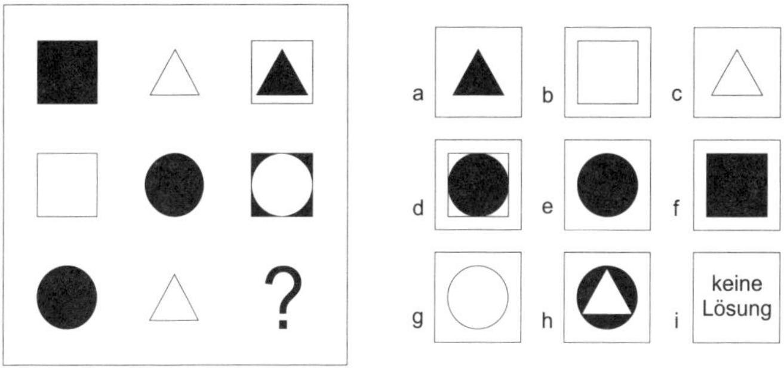

Lösungen Seite 243

Zugehörigkeiten identifizieren

Aufgabe ist es hier, die Unterschiede zwischen den zwei präsentierten Gruppen festzustellen und die vier darunter stehenden Bilder richtig der jeweiligen Gruppe zuzuordnen.

Beispiel:

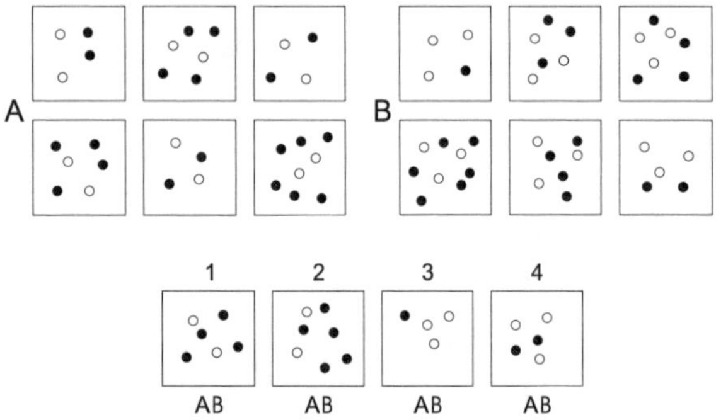

Lösung:

Zu Gruppe A gehören hier die Bilder 1 und 2, die anderen passen eher in Gruppe B, denn: In der ersten Gruppe sind stets zwei weiße Kreise, während es in Gruppe B immer drei sind. Die schwarzen Kreise dienen nur zu Ihrer Verwirrung.

10 Minuten!

Versuchen Sie es nun selbst. Sie haben 10 Minuten Zeit.

1.

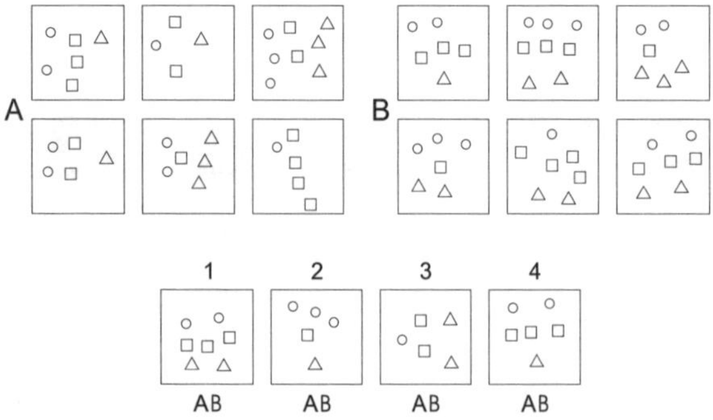

2.

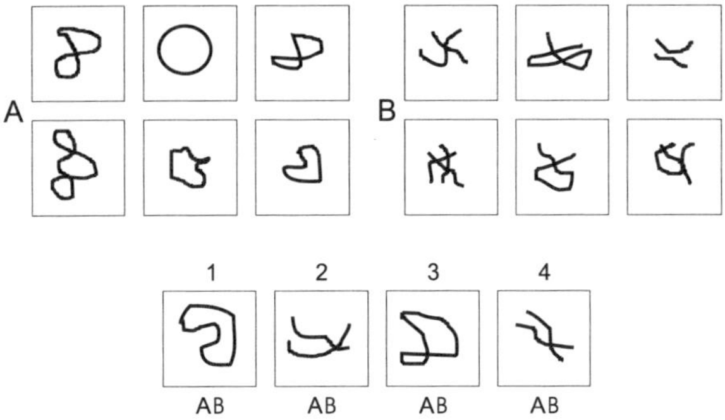

3.

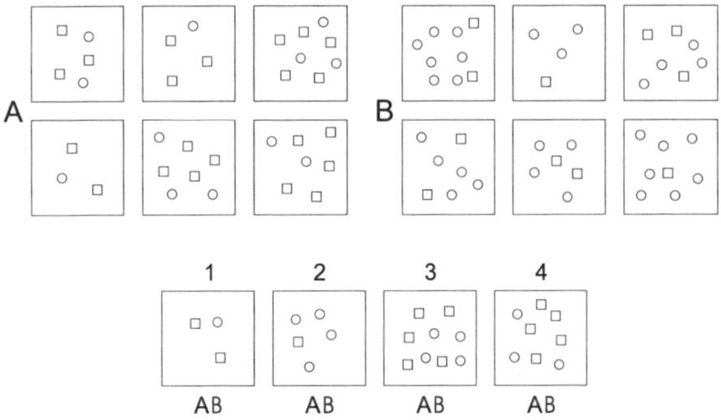

4.

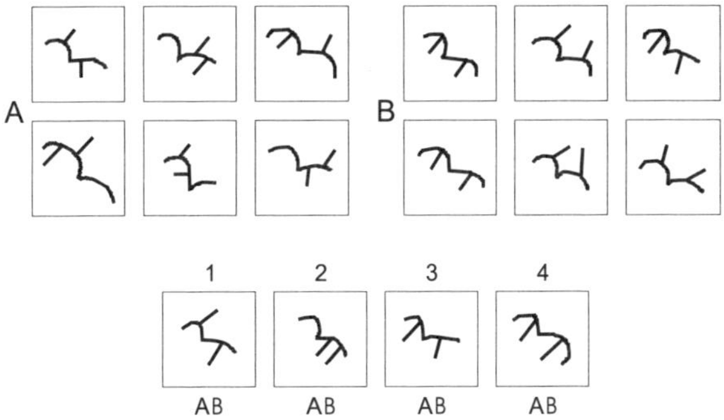

5.

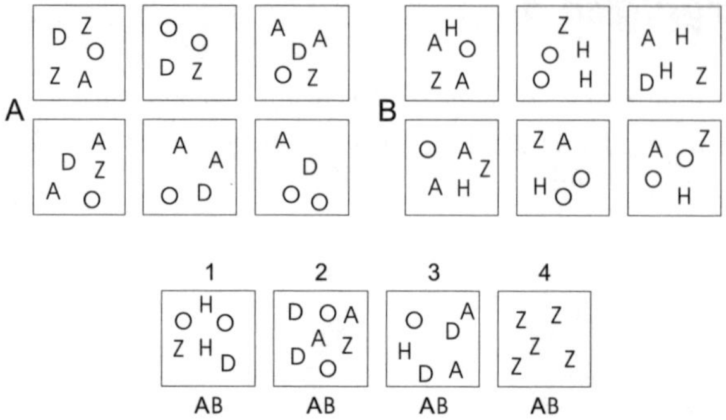

6.

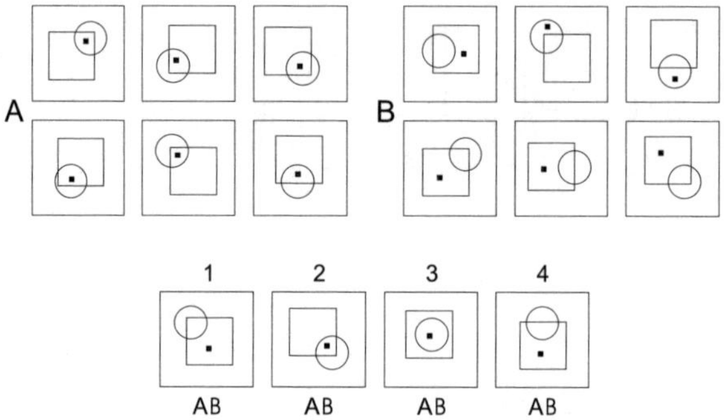

Lösungen Seite 244

Sinnvoll ergänzen 4

Hier wird Ihnen eine Reihe von vier Grafiken vorgegeben. Ihre Aufgabe ist es, diese in den zwei leeren Feldern mittels einer Skizze logisch fortzusetzen.

15 Minuten!

Sie haben 15 Minuten Zeit.

1.

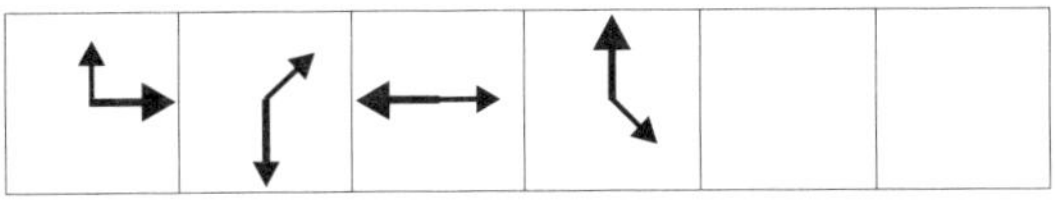

2.

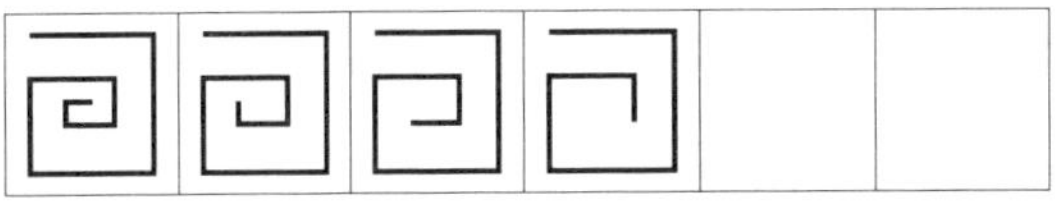

3.

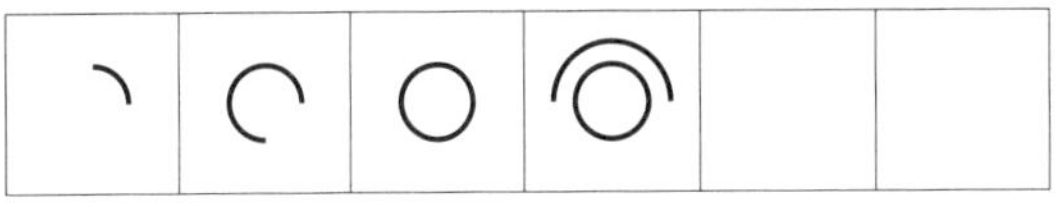

4.

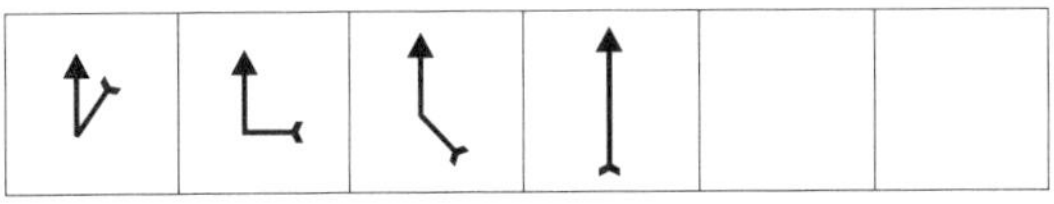

5.

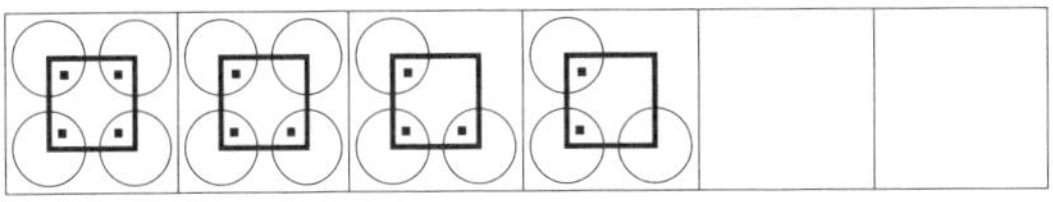

6.

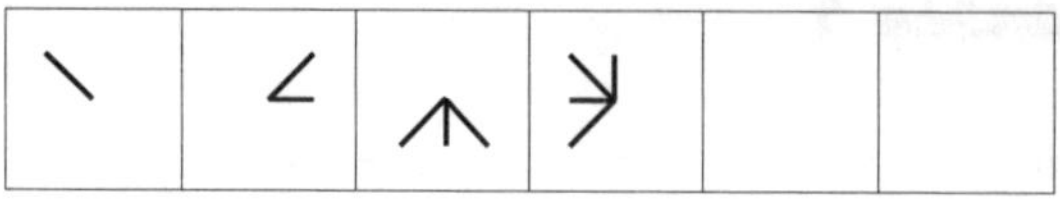

7.

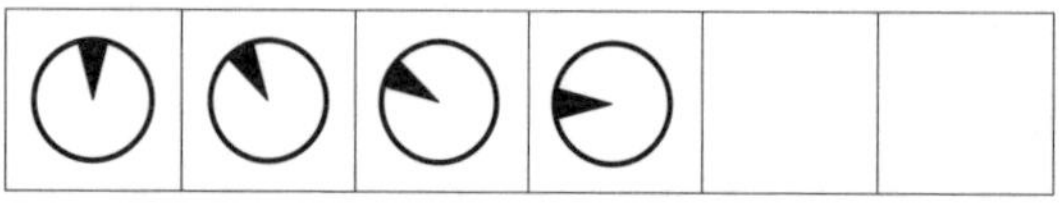

8.

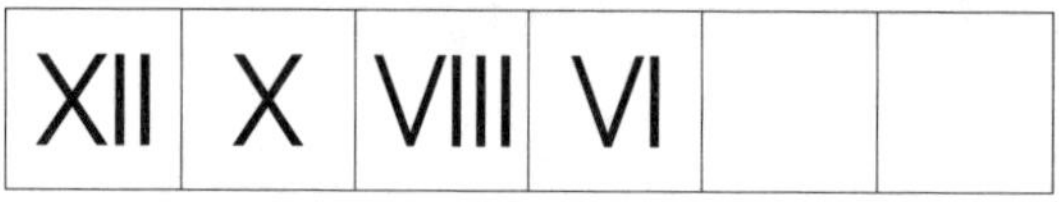

9.

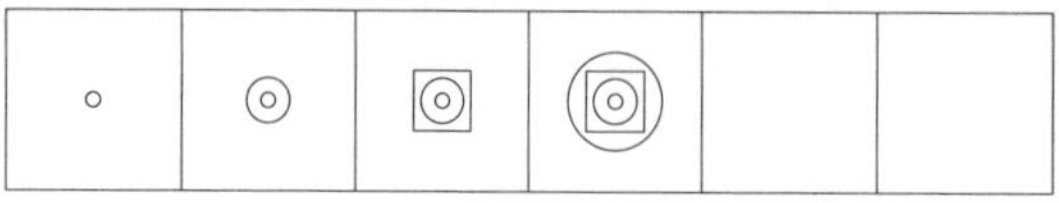

10.

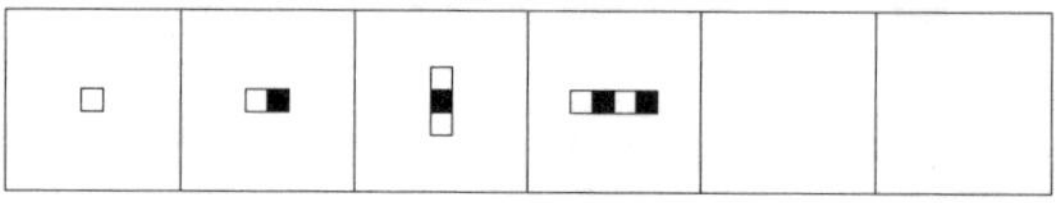

11.

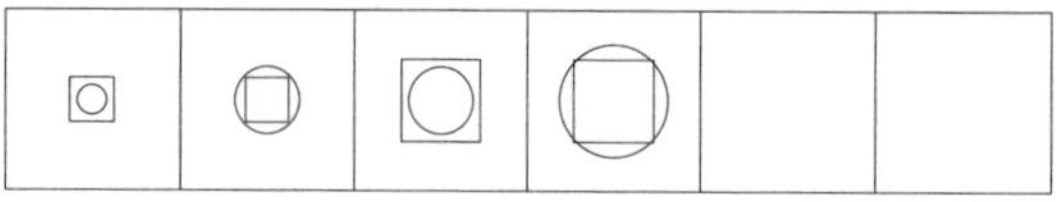

12.

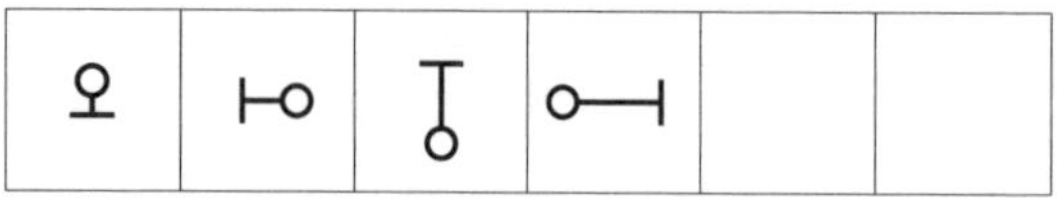

Lösungen Seite 244

Sinnvoll ergänzen 5

Auch hier sollen Sie die Matrix an der Stelle, an der das Fragezeichen steht, logisch sinnvoll ergänzen.

15 Minuten!

Sie haben 15 Minuten Zeit.

1.

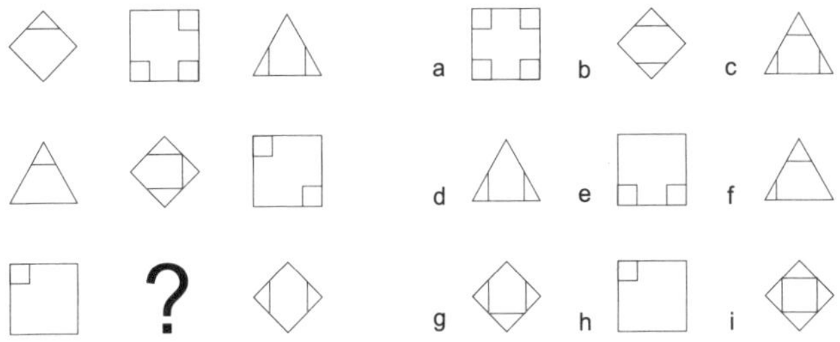

2.

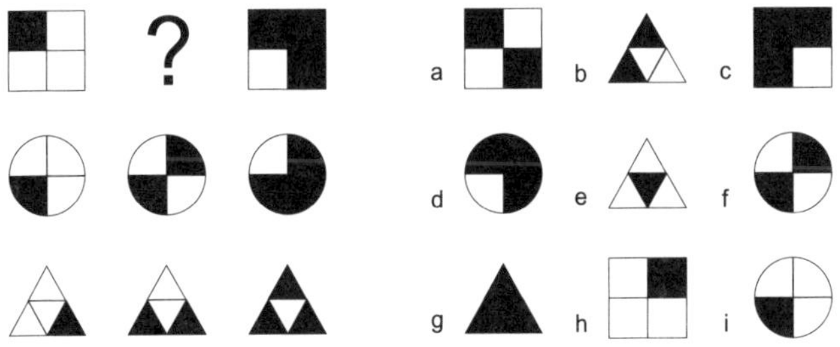

3.

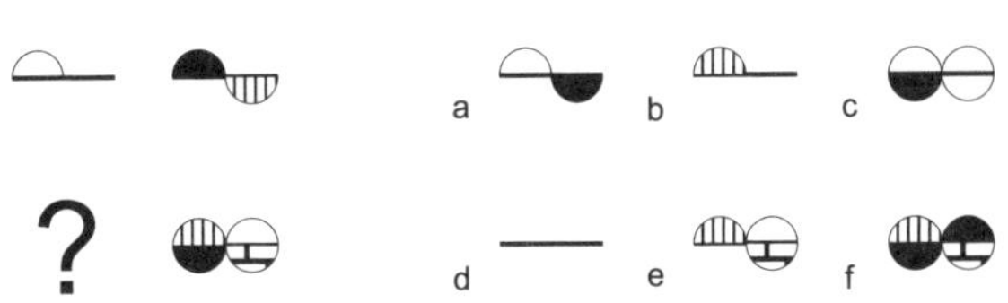

4.

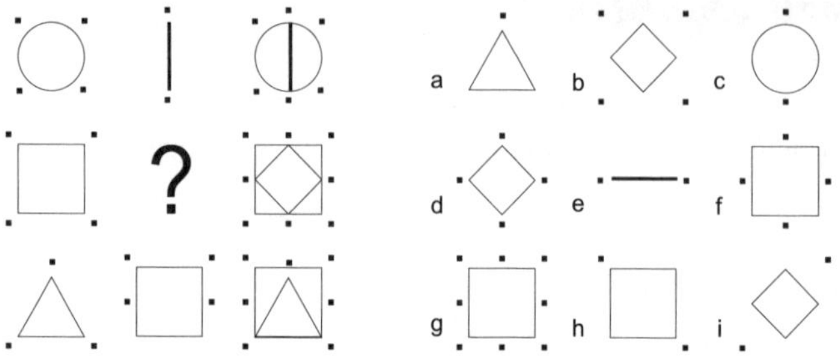

5.

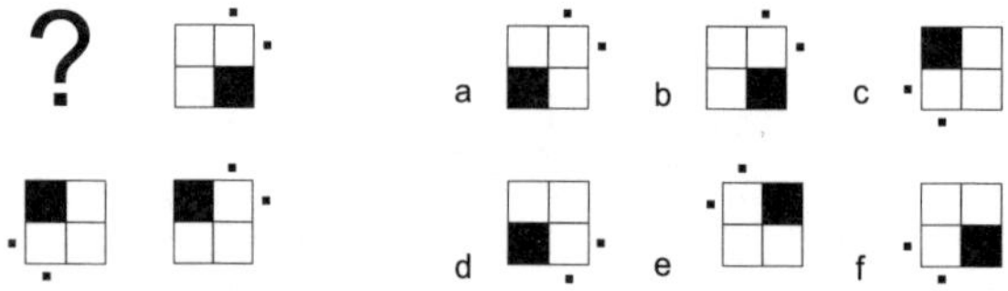

6.

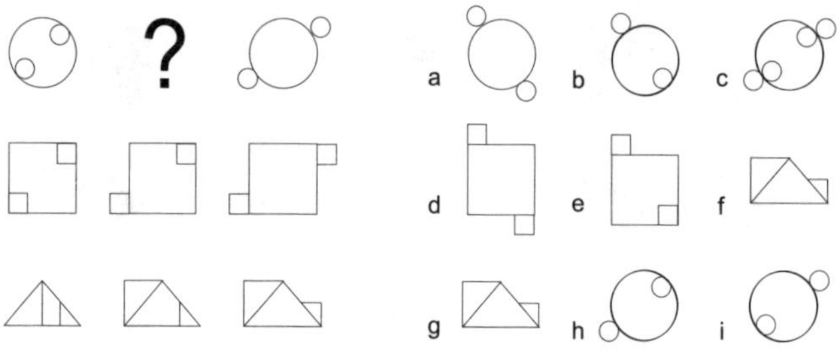

7.

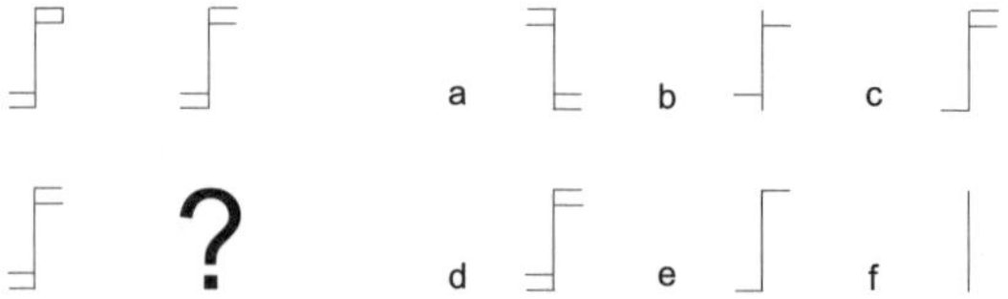

Lösungen Seite 246

Sinnvoll ergänzen 6

Wie in den vorigen Aufgaben wird auch hier für die Lücke unten rechts eine Grafik gesucht, die die Matrix logisch richtig ergänzt.

20 Minuten!

Sie haben 20 Minuten Zeit.

1.

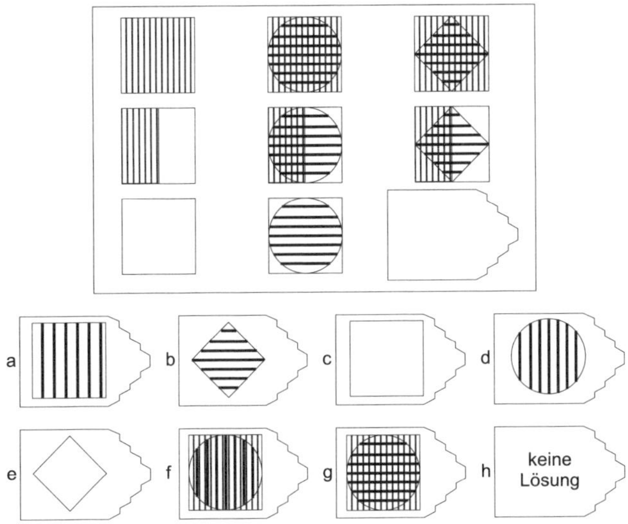

2.

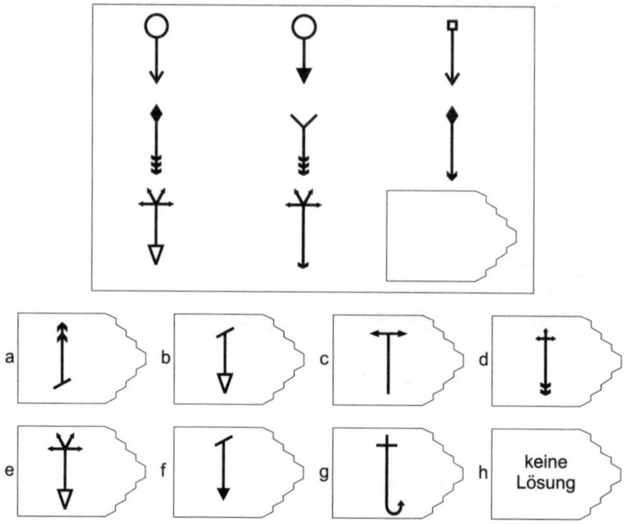

3.

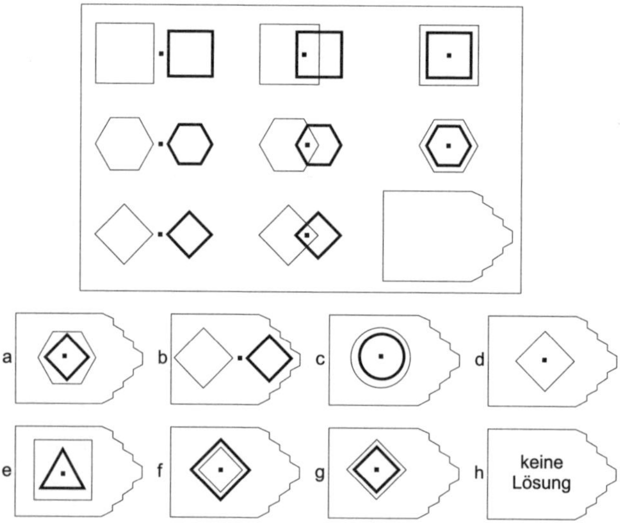

4.

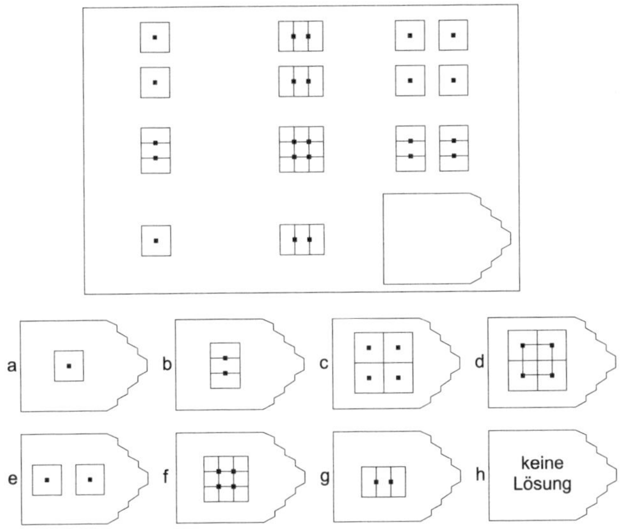

5.

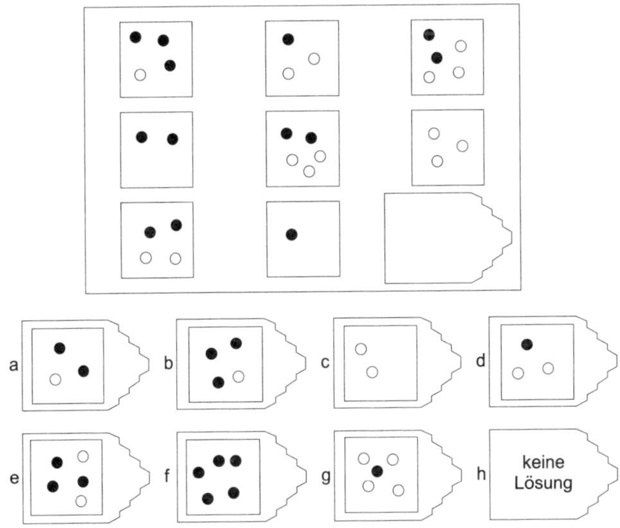

6.

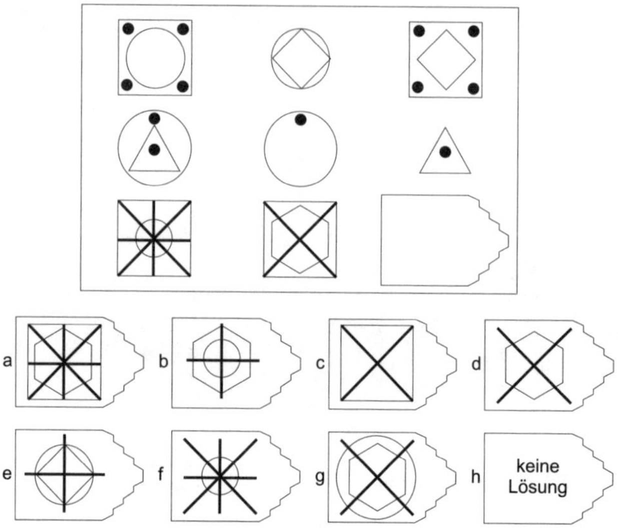

7.

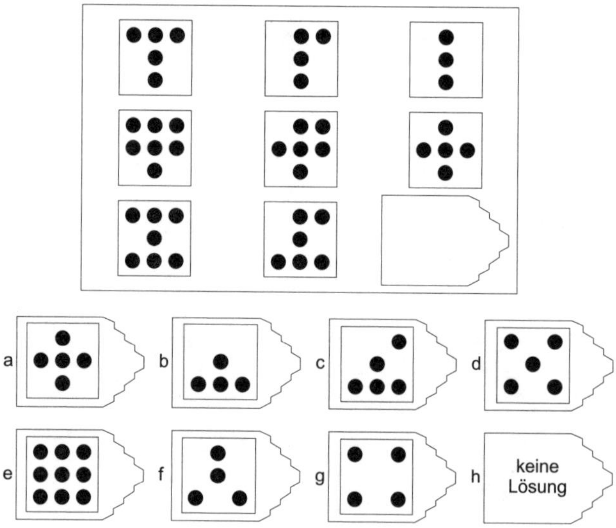

8.

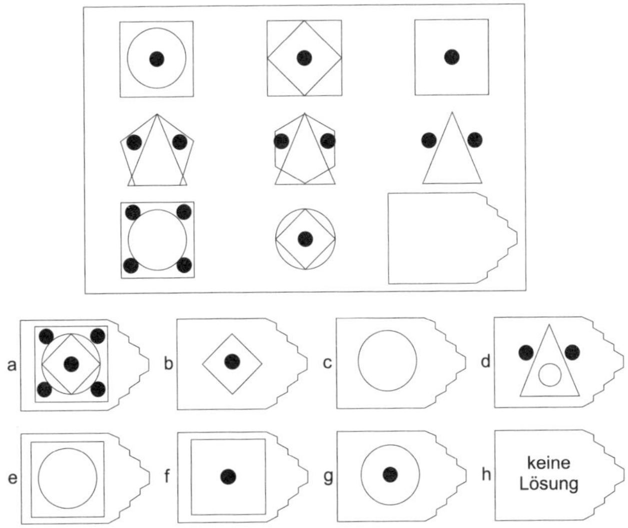

9.

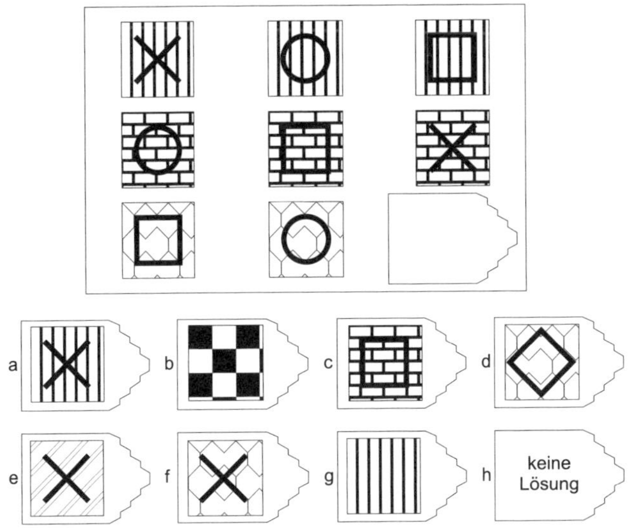

10.

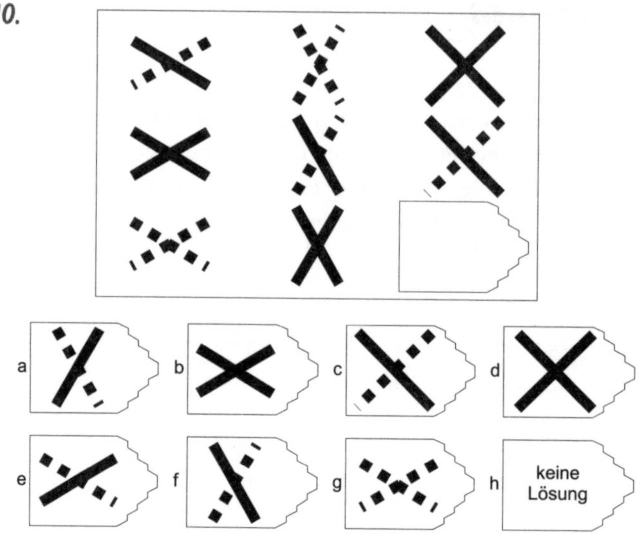

11.

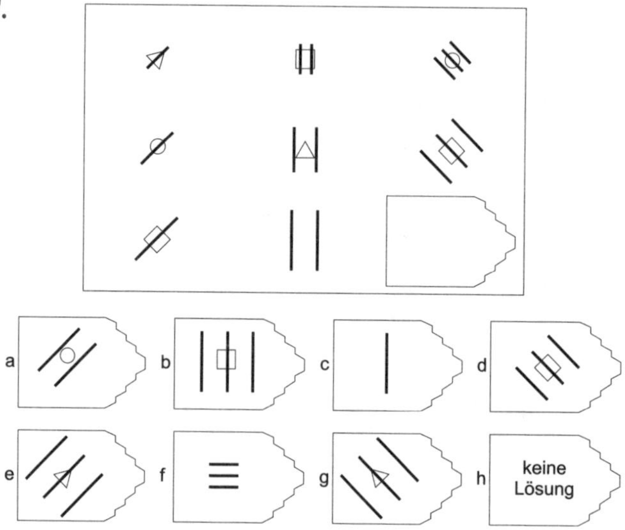

Lösungen Seite 246

Grafik-Analogien

Aufgabe ist es hier, aus den vorgegebenen Lösungsmöglichkeiten die Grafik auszuwählen, die das fehlende Symbol in der »Grafiken-Gleichung« ergänzt. Dabei besteht zwischen den beiden Grafiken vor dem Gleichheitszeichen eine Beziehung, die in ähnlicher Form auch zwischen den beiden Grafiken hinter dem Gleichheitszeichen bestehen soll.

Ein Beispiel:

Lösung:

Was passiert hier vor dem Gleichheitszeichen?

Das Rechteck wird in senkrechter Richtung gestreckt (in die Länge gezogen). Ergebnis ist das Quadrat. Eine ähnliche Beziehung muss also zwischen den beiden Figuren hinter dem Gleichheitszeichen bestehen. Was würde passieren, wenn man die Ellipse in senkrechter Richtung streckt? Es würde entweder ein Kreis oder eine Ellipse mit senkrechter Ausdehnung entstehen. Die Lösungen c bis e können also ausgeschlossen werden. Wahrscheinlicher ist aber wohl der Kreis, da das Quadrat ein spezielles Viereck mit gleich langen Seiten ist und auch der Kreis gleiche Radien hat. Wäre die senkrechte Ellipse die richtige Lösung, müsste wohl das Rechteck aus Lösung e für das Quadrat stehen.

Hier verhält sich also das Rechteck zum Quadrat wie die Ellipse zum Kreis. Die richtige Lösung ist also a.

15 Minuten!

Versuchen Sie es nun selbst. Sie haben 15 Minuten Zeit.

1. 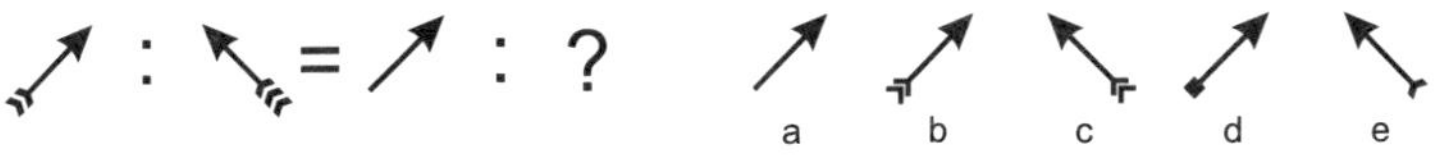

2. 

3.

4.

5.

6.

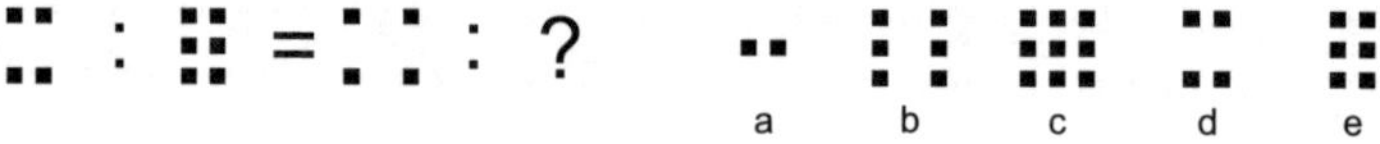

7.

8.

9.

10. : = : ?

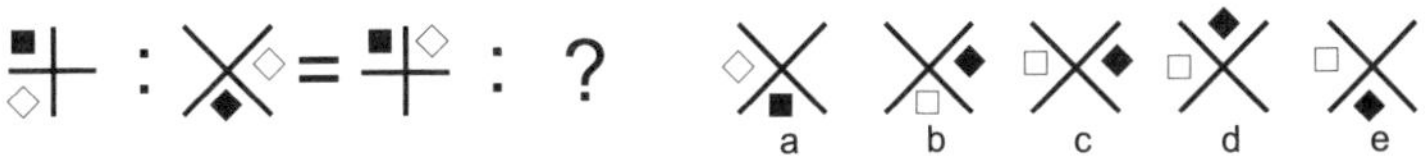

11. : = ▲ : ?

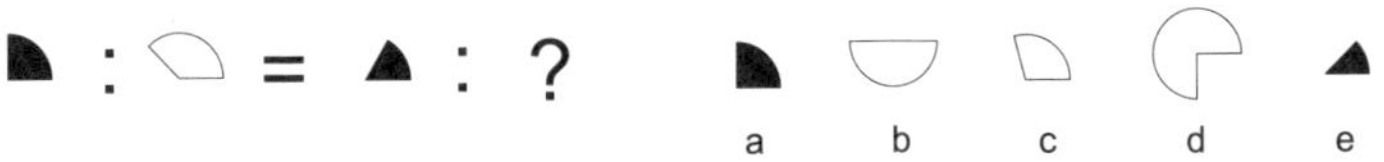

12. : = : ?

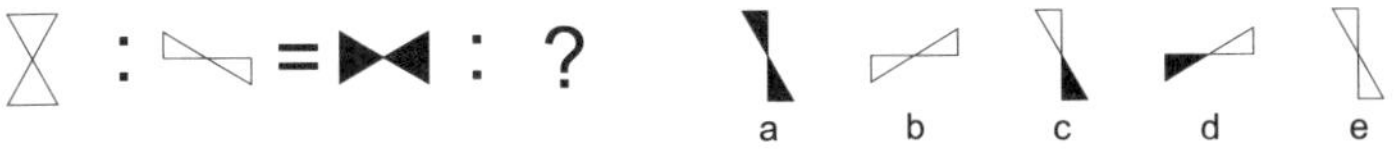

13. : = : ?

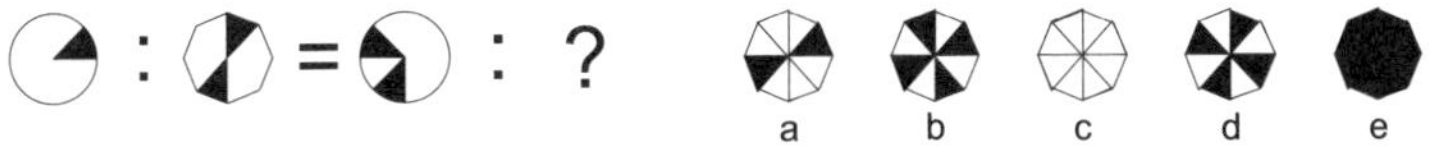

14. : = : ?

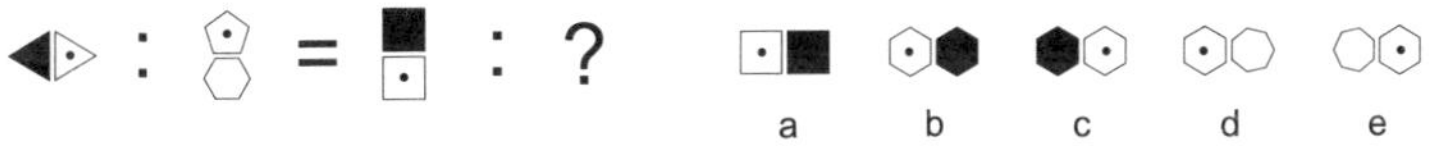

15. : = : ?

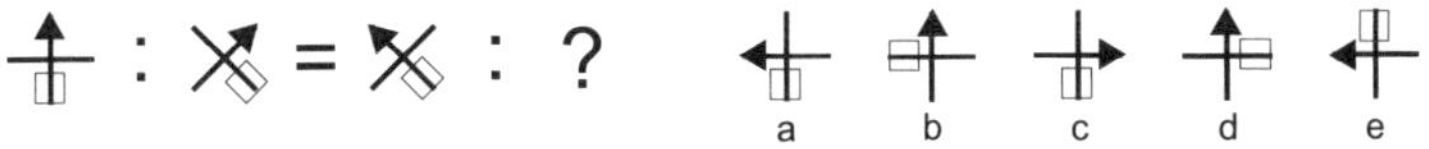

16. : = : ?

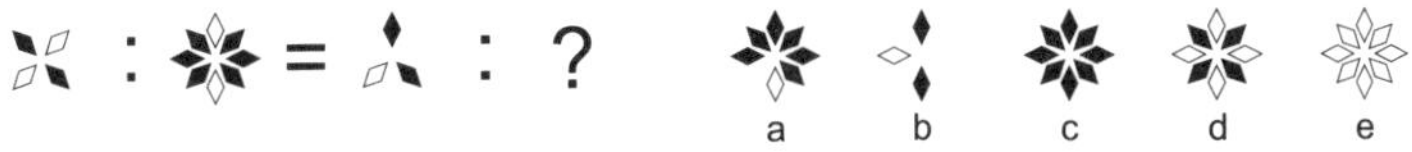

Lösungen Seite 247

Gemeinsamkeiten finden

Bei diesem Aufgabentyp wird Ihnen in der oberen Zeile eine Grafik präsentiert. Darunter befinden sich fünf weitere Grafiken. Ihre Aufgabe ist es, zu entscheiden, welche der fünf Grafiken eine ähnliche Situation darstellt wie die obere Grafik.

Beispiel:

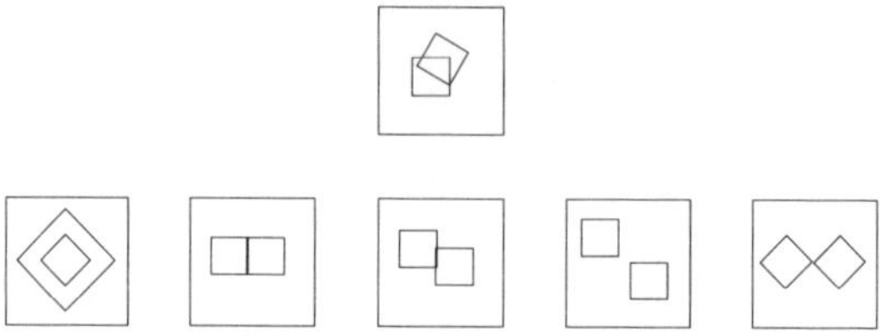

a b c d e

Lösung:
Die Lösung ist hier a. Nur bei dieser Grafik schneiden sich die beiden Quadrate.

Ein zweites Beispiel:

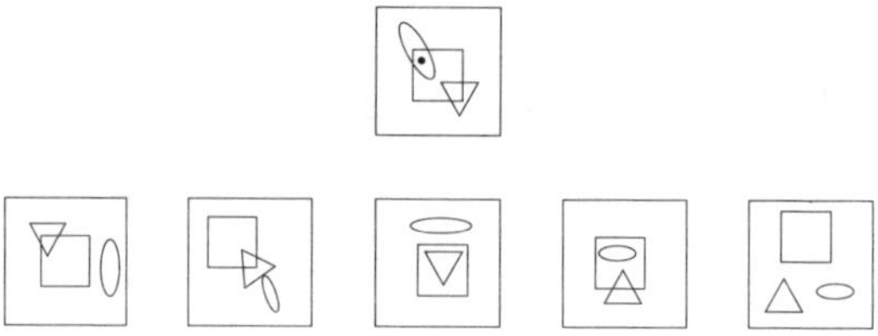

a b c d e

Lösung:
Hier mag man auf den ersten Blick gar keine Gemeinsamkeit finden, fehlt doch in jeder der Lösungsmöglichkeiten der schwarze Punkt. Doch schaut man sich die obere Grafik genauer an, so stellt man fest, dass sowohl das Dreieck als auch die Ellipse das Quadrat schneiden und in der Fläche, die Ellipse und Quadrat gemeinsam haben, der schwarze Punkt liegt. Schaut man sich nun noch einmal die Lösungsmöglichkeiten an, so bemerkt man, dass nur bei Lösung d die Möglichkeit bestünde, einen schwarzen Punkt in die gemeinsame Fläche von Quadrat und Ellipse zu setzen.

10 Minuten!

Für die folgenden Aufgaben haben Sie 10 Minuten Zeit.

1.

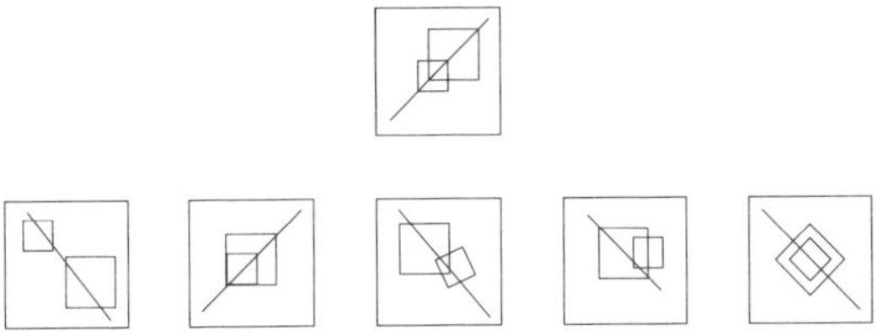

a b c d e

2.

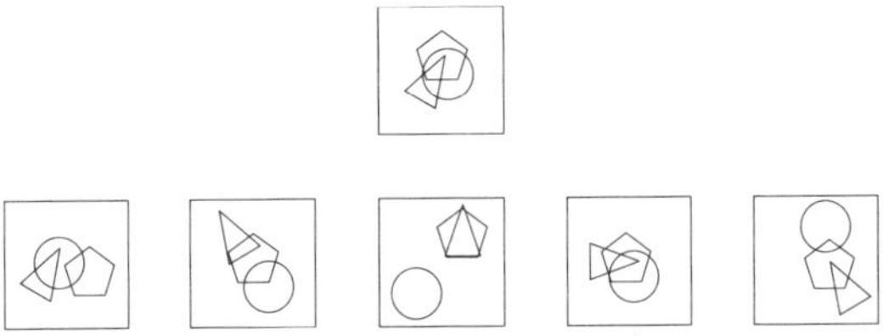

a b c d e

3.

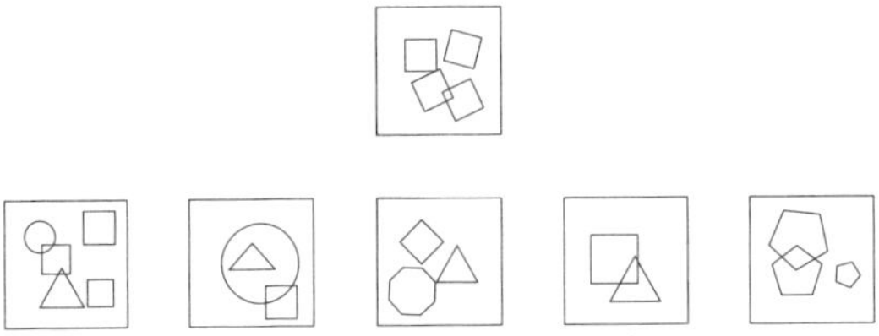

a b c d e

4.

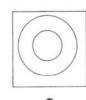

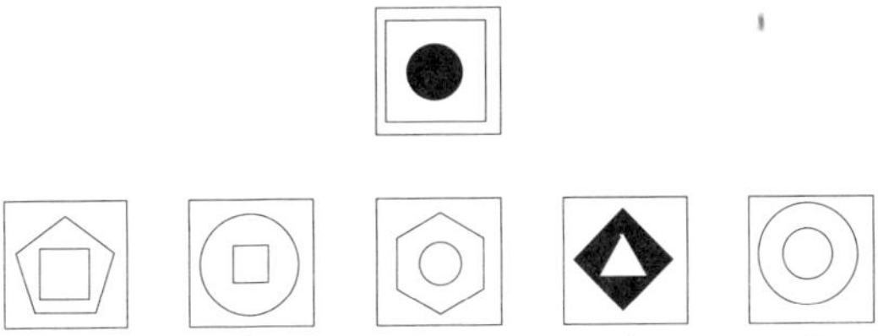

a b c d e

5.

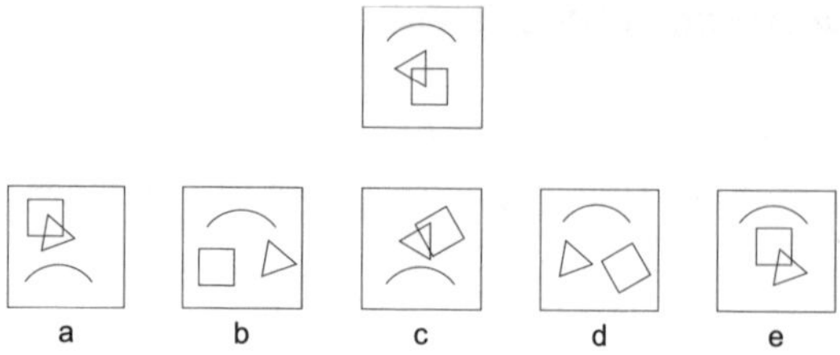

6.

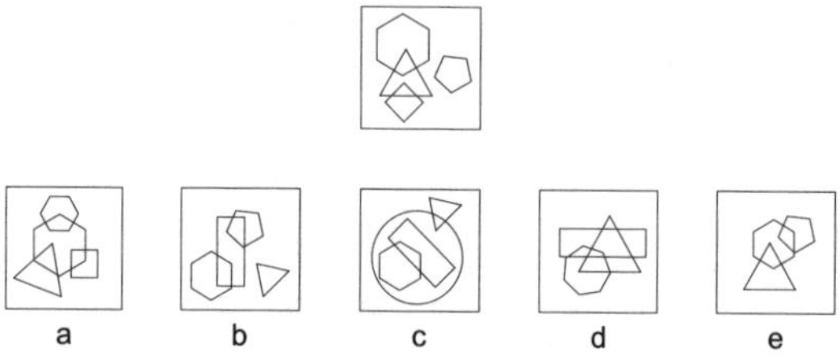

7.

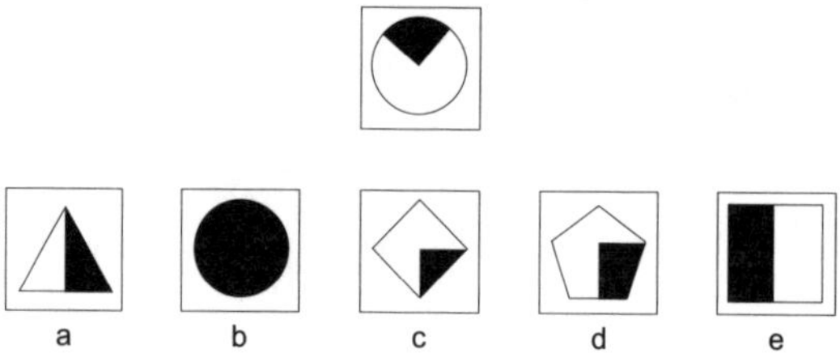

Lösungen Seite 248

Falsches herausstreichen 1

Im Folgenden werden Ihnen Reihen von Grafiken präsentiert, in denen jeweils ein Element nicht in die Ordnung passt. Dieses ist von Ihnen herauszustreichen.

20 Minuten!

Sie haben 20 Minuten Zeit.

1.

A (a–g, Zeilen 1–16)

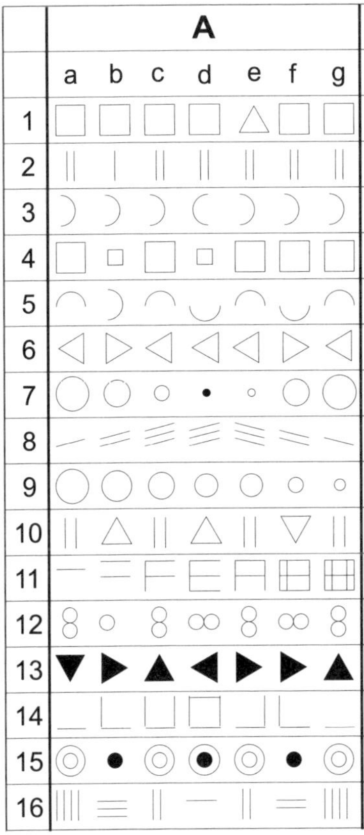

B

	a	b	c	d	e	f	g
1	D	D	C	D	D	D	D
2	I	I	I	I	J	I	I
3	5	6	5	6	5	5	5
4	R	P	R	R	R	R	R
5	a	b	c	d	a	d	c
6	q	p	q	q	q	q	q
7	9	8	7	6	6	4	3
8	3	7	11	15	18	23	27
9	R	18	S	19	T	21	U
10	2	4	9	16	32	64	128
11	Y	X	W	U	U	T	S
12	3	Z	1	X	7	5	6
13	j	k	l	m	n	o	q
14	1	B	2	B	3	D	4
15	13	11	9	8	5	3	1
16	8	7	k	6	l	5	m

2.

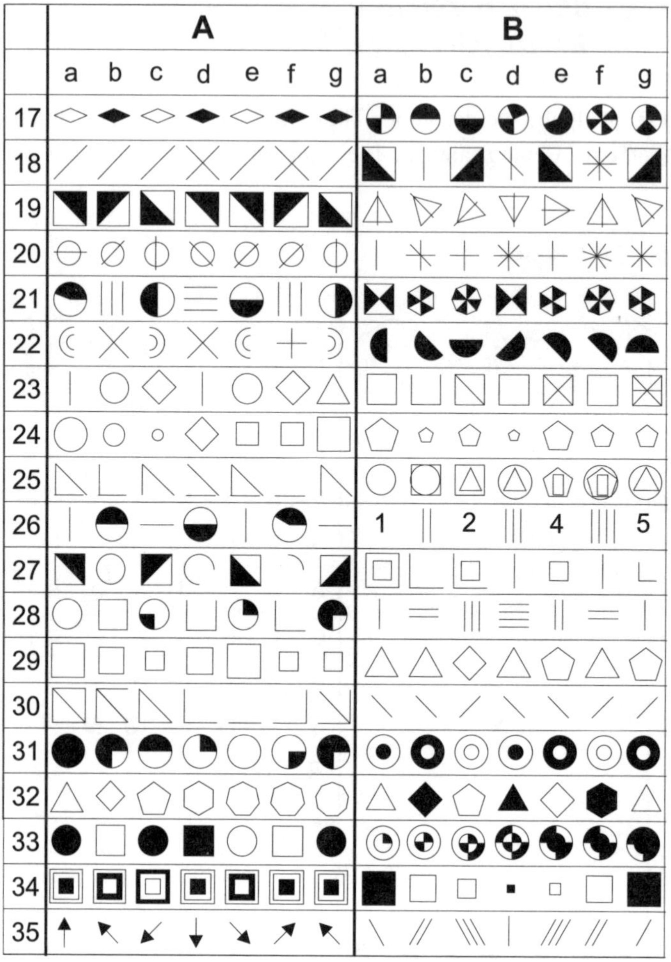
A
B
a b c d e f g
a b c d e f g
17
18
19
20
21
22
23
24
25
26
27
28
29
30
31
32
33
34
35
1 2 4 5

Lösungen Seite 248

Falsches herausstreichen 2

Bei dieser Aufgabe werden Ihnen fünf Grafiken präsentiert. Drei davon verbindet eine Gemeinsamkeit. Die anderen beiden sollen Sie herausstreichen.

Beispiel:

a b c d e

Lösung:
Hier lautet die richtige Lösung c und e, denn die anderen drei Grafiken enthalten jeweils nur drei miteinander verbundene Striche.

15 Minuten!

Sie haben 15 Minuten Zeit.

1.

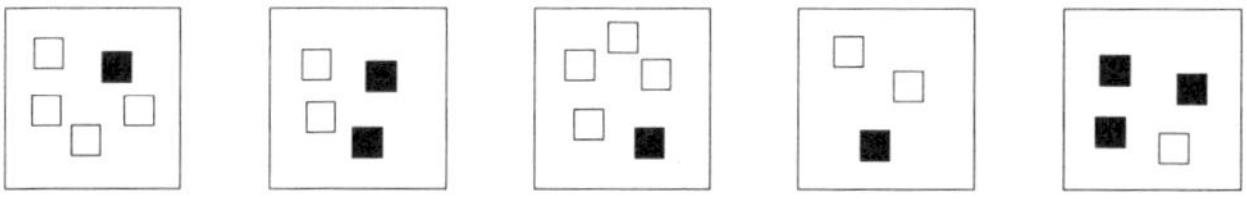

a b c d e

2.

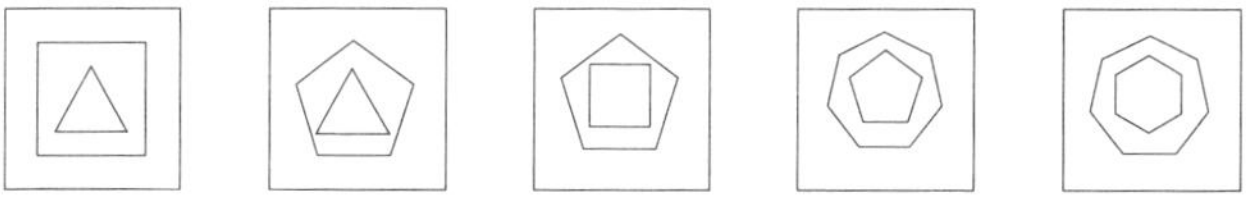

a b c d e

3.

a	b	c	d	e
1	8	5	12	99

4.

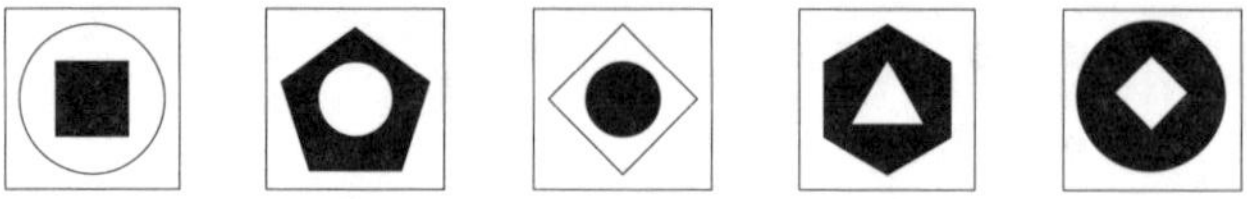

a b c d e

5.

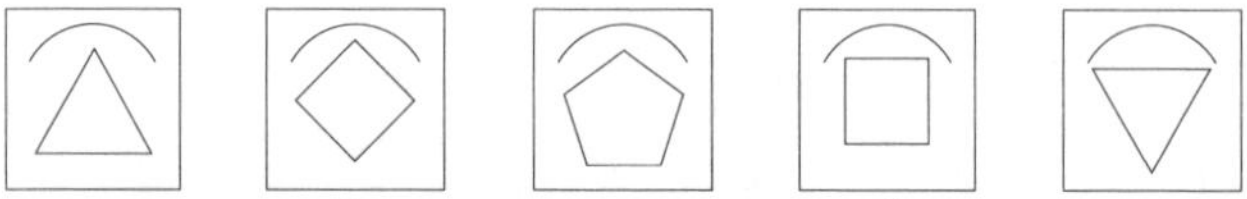

a b c d e

6.

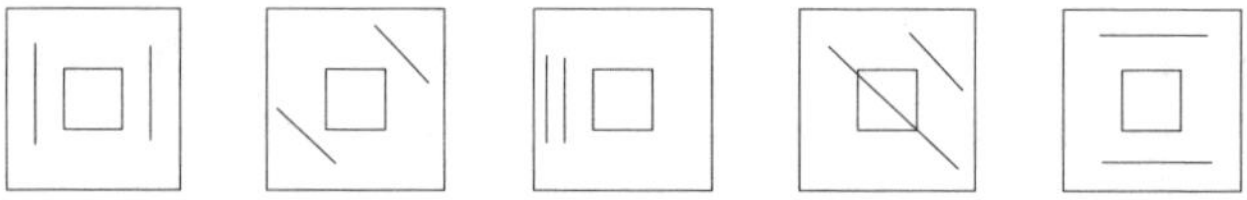

a b c d e

7.

a b c d e

8.

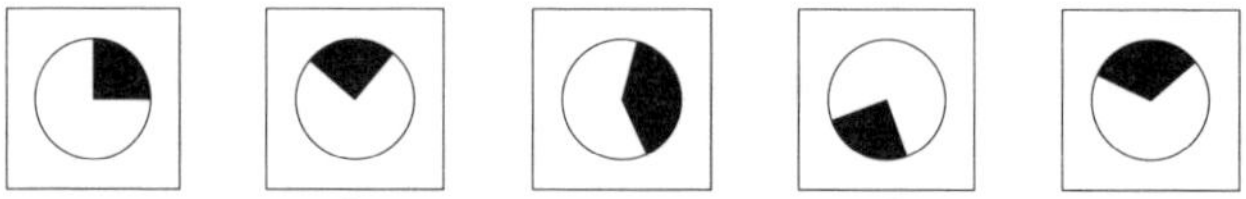

a b c d e

9.

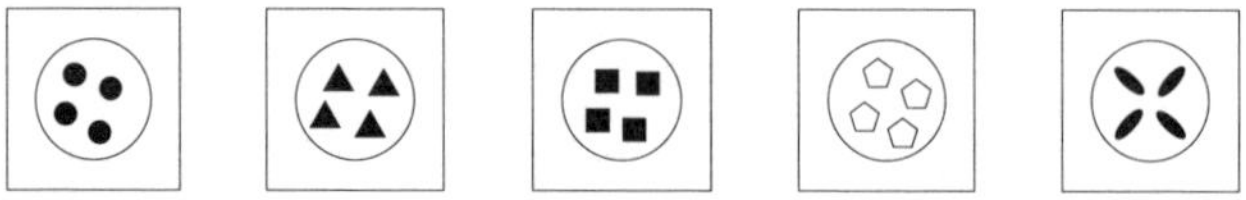

a b c d e

10.

a b c d e

11.

a b c d e

12.

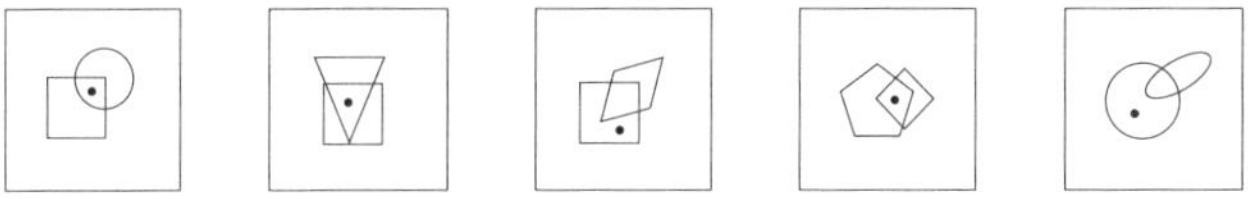

a b c d e

13.

a b c d e

14.

a b c d e

15.

a b c d e

Lösungen Seite 249

Zahlensymbole

Bei diesem Aufgabentyp wurden Ziffern durch Symbole ersetzt (Jede Ziffer hat ein anderes Symbol und umgekehrt!). Dabei stehen zwei nebeneinander stehende Symbole für eine zweistellige Zahl (erstes Symbol: Zehnerstelle; zweites Symbol: Einerstelle; analog: dreistellige Zahlen). Ihre Aufgabe ist es, aus den rechts für ein Symbol angebotenen Ziffern eine Lösung zu finden, wodurch die rechte Gleichung erfüllt ist. Das heißt, es muss nur eine Lösung für das Symbol rechts gefunden werden!

Beispiel:

⧄ • ⧄ = ○⧄	⧄ = 2 3 5 7

Lösung:
Hier wird eine Ziffer für das Quadrat mit eingezeichneter Diagonale gesucht. Die Lösungsvorschläge sind 2, 3, 7 und 5. Es ist schnell ersichtlich, dass nur die 5 für das Symbol eingesetzt werden kann, da nur die 5 mit sich selbst multipliziert eine Zahl ergibt, die als Einerstelle wieder dieselbe Zahl hat.

10 Minuten!

Für die Bearbeitung der nun folgenden Aufgaben haben Sie jetzt 10 Minuten Zeit.

1.

⧄⬠ : ○ = ⬠ • ○	⧄ = 5 3 9

2.

⬠ • ⬠ + ⬠ • ⧄ = ⬠⬠	⬠ = 7 1 0

$$\bigcirc = 16058$$

$$\square = 41973$$

5.

$$\bigcirc = 247$$

6.

$$\square\pentagon \cdot \square\pentagon = \square\bigcirc\bigcirc \qquad \bigcirc = 124$$

7.

$$\boxtimes \cdot \boxtimes \cdot \boxtimes = \boxtimes \cdot \bigcirc \qquad \boxtimes = 369$$

8.

$$\pentagon \cdot \pentagon \cdot \pentagon = \square\bigcirc\pentagon \qquad \square = 3674$$

9.

$$\bigcirc\square \cdot \bigcirc\square = \pentagon\pentagon\square \qquad \bigcirc = 3426$$

10.

$$\boxtimes\pentagon \cdot \boxtimes\pentagon = \pentagon\bigcirc\pentagon \qquad \boxtimes = 1425$$

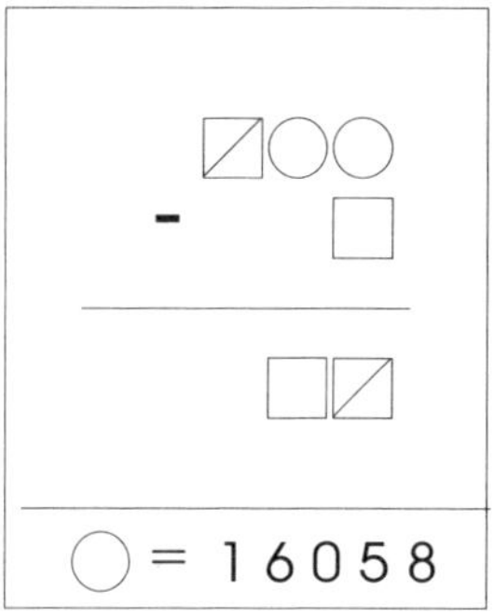

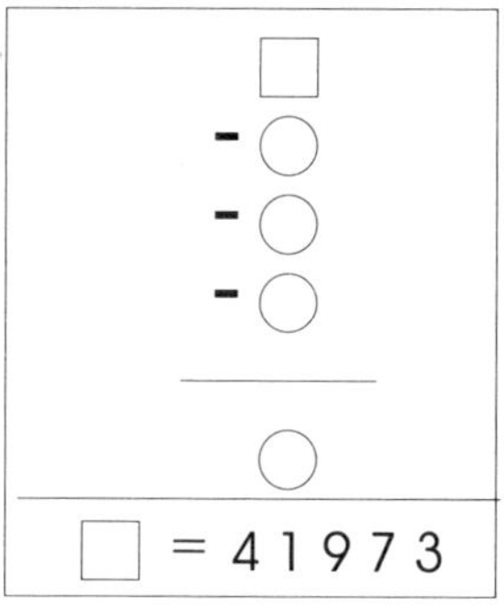

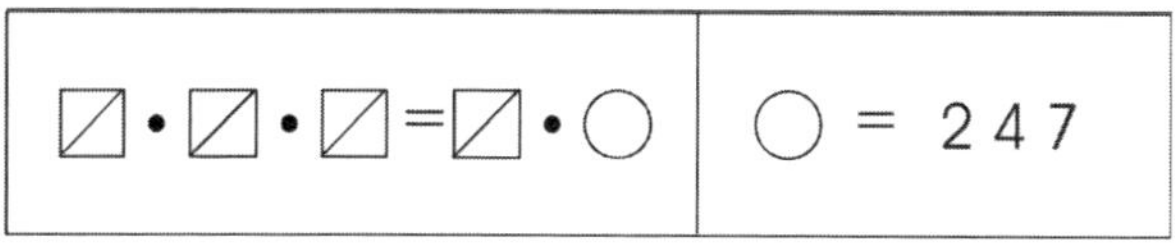

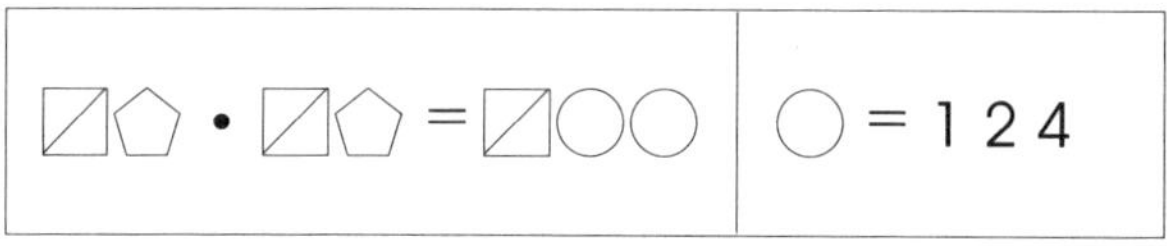

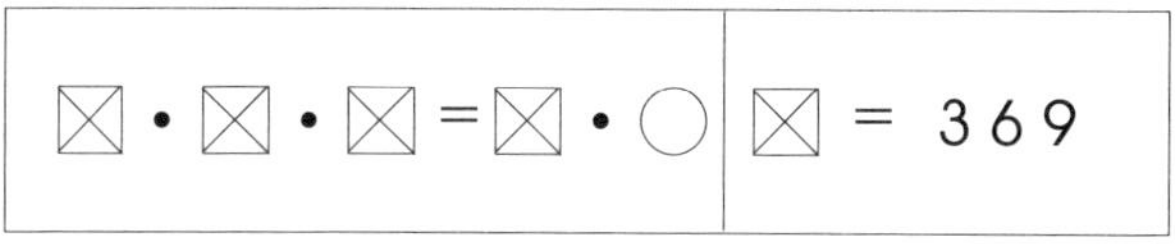

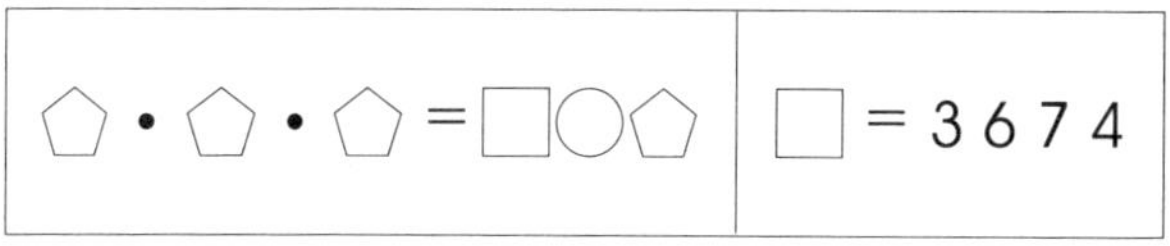

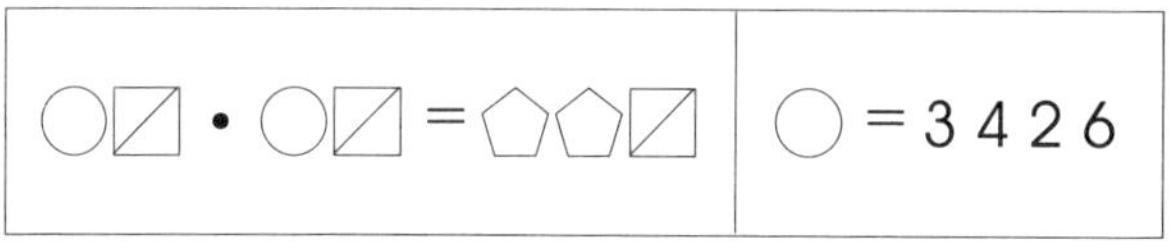

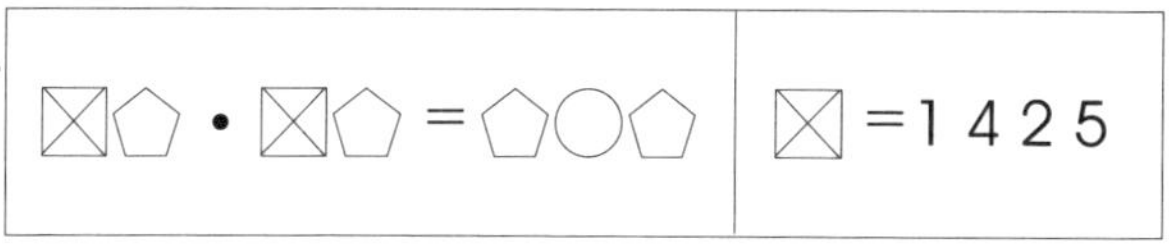

Lösungen Seite 250

Lösungen

Lösungen sprachgebundene Logik

Kommentierte Lösungen: Wortauswahl (S. 18)

1. Lösung d. Granit ist als Einziges kein Metall.
2. Lösung c. Fernsehen ist im Gegensatz zu allen anderen Antworten kein essentielles Bedürfnis des Menschen.
3. Lösung e. Habgier ist der einzige negativ belegte Ausdruck unter den Antwortmöglichkeiten.
4. Lösung d. Bei allen anderen Bewegungen springt man nicht.
5. Lösung a. Während es sich bei b, c, d und e um runde bzw. fast runde Körper handelt, ist ein Schneidezahn jedoch überhaupt nicht rund.
6. Lösung d. »Schrader« bezeichnet keinen Einwohner eines Bundeslandes.
7. Lösung e. Alle anderen haben keine getönten Gläser.
8. Lösung d. Gehört nicht ins Märchen »Schneewittchen«.
9. Lösung a. Ist keine Ebene, sondern Abzeichnung der Erdkrümmung.
10. Lösung b. Eifersucht an sich ist noch nichts Böses.
11. Lösung d. Seinen Prinzipien treu zu sein, hat noch nichts mit Ehrlichkeit zu tun. Es kann sich schließlich auch um Unrechtsprinzipien handeln.
12. Lösung a. 100 % ohne Zusatzangabe kann für Vollständigkeit, aber auch Verlust oder etwas anderes stehen. Alle anderen Begriffe sagen etwas über die Ursprünglichkeit aus.
13. Lösung e. Feigheit ist nicht dasselbe wie Schüchternheit. Schüchterne Personen sind scheu, zurückhaltend und z. T. etwas ängstlich und gehemmt, während es sich bei Feigheit um situationsbezogene Angst und nicht um generelle Zurückhaltung handelt.
14. Lösung e. Gemeinschaftlich bedeutet lediglich »mehreren Personen gehörend« und hat nichts mit Sozialverhalten zu tun.
15. Lösung d. Bei a, b, c und e handelt es sich um konkrete Zahlenangaben, während X-mal jedoch unbestimmt ist.
16. Lösung a. Während »apathisch« so viel wie teilnahmslos bedeutet, bedeuten »lethargisch«, »indifferent« und »gleichgültig« so viel wie interesselos.
17. Lösung d. Alle anderen Ausführungen sind stumpf.
18. Lösung a. Bei den Antworten b bis e handelt es sich um mehr oder weniger sehr saloppe Begriffe für psychisch auffällige Menschen.

Bei Begriff a jedoch handelt es sich auch nicht zwangsläufig um Menschen, z. B. kann auch der Funkverkehr gestört sein oder der Fernsehempfang.

19. Lösung c. Fett (groß geschrieben) ist entweder ein Schmierstoff oder ein Nährstoff, während alle anderen Begriffe übergewichtige Menschen beschreiben.
20. Lösung b. Bei blitzgescheit handelt es sich nicht um ein Tier-Adjektiv sondern um ein Gegenstands-Adjektiv.
21. Lösung c. Bei allen anderen Begriffen handelt es sich um Literatur, ein Literat ist ein Schriftsteller und somit ein Schöpfer von Literatur.
22. Lösung e. Alle anderen Begriffe haben etwas mit Angst, Unsicherheit und Gefahr zu tun, während »verstimmt« mit Verärgerung zusammenhängt, also einen ganz anderen Hintergrund hat.
23. Lösung b. Die übrigen Begriffe beschreiben einen qualitativ anderen, u. U. höherwertigen Prozess oder eine Veränderung. »Steigerung« ist eindimensional auf das Quantitative beschränkt.
24. Lösung c. Die Begriffe a, b, d und e würdigen eine exzellente Leistung, während »hervortretend« auch eine extrem schlechte Leistung bezeichnen kann.
25. Lösung d. Alle anderen Begriffe bezeichnen einen Ort zum Übernachten, während im »Restaurant« lediglich gegessen wird.
26. Lösung d. »Überlassen« ist als Einziger ein passiver Vorgang.
27. Lösung d. Mit »Flugzeug«, »Lift«, »Treppe« und »Leiter« kann man auf- und absteigen, mit dem »Fallschirm« geht es ausschließlich abwärts.
28. Lösung d. Alle anderen Begriffe verbinden etwas, während eine »Grenze« etwas trennt.
29. Lösung c. »Windig«, »regnerisch«, »bewölkt« und »neblig« beschreiben jeweils Wetterlagen, während »kalt« lediglich die Temperatur beschreibt.
30. Lösung c. Nur »planen« ist ein mitunter längerfristiger Prozess, alle anderen Verben bezeichnen einmalige Aktionen.
31. Lösung a. b bis e beschreiben Vorgänge, bei denen etwas horizontal bearbeitet wird. Eine Bohrung wird jedoch vertikal zur Oberfläche durchgeführt.
32. Lösung e. Mit »Türschloss«, »Wasserhahn«, »Reißverschluss« und »Schraubendreher« kann man etwas öffnen und schließen, während man mit einem »Korkenzieher« lediglich etwas öffnen kann.

33. Lösung d. Eine Bohrung ist rund und keine Schnittkante.
34. Lösung d. Nur beim Rührei (mit dem Bestandteil Speck) handelt es sich nicht um eine soßenartige Zugabe, zumal nicht vegetarischer Art!
35. Lösung b. Nur in diesem Adjektiv kommt kein Ausdruck aus dem Feld Wärme / Kälte vor.
36. Lösung e. »Erhalten« ist passiv, die anderen Begriffe sind aktiv.
37 Lösung c. »Überschreiten« hat immer etwas mit Grenze zu tun und ist der einzige Begriff, der auch im übertragenen Sinn so gebraucht wird, in Abgrenzung zu »passieren«, das in seiner anderen Wortbedeutung etwas ganz anderes meint.
38. Lösung d. Alle andern Ausdrücke beschreiben etwas in der Zukunft.
39. Lösung e. a bis d sind jeweils Auftraggeber bzw. Geschäftspartner, während Konsument für Käufer steht.
40. Lösung a, c, d, e sind pflanzlich; nur bei b handelt es sich um ein tierisches Produkt.

Kommentierte Lösungen: Gleiche Wortbedeutungen (S. 22)

1. Lösung c. Beim Herz handelt es sich um einen ca. faustgroßen Hohlmuskel. Alle anderen Begriffe sind entweder falsch oder viel zu vage (z. B. Motor oder Fleisch).
2. Lösung a. »Schimmern« bedeutet so viel wie »matt glänzen«, während die anderen Begriffe von einer Licht- oder Energiequelle ausgehen (besonders blitzen und funken).
3. Lösung d. Wenn man etwas schildert, dann beschreibt man es ausführlich und genau mit Worten. Darstellen kann auch über das Verbale hinausgehen.
4. Lösung e. »Respekt« bedeutet in etwa so viel wie »Anerkennung«.
5. Lösung d. »Anstand« und »Sitte« sind zwei sehr ähnliche Begriffe, die anderen Antwortmöglichkeiten gehen nicht einmal annähernd in die richtige Richtung.
6. Lösung d. Ein Algorithmus ist ein Begriff aus der Mathematik und Informatik, der eine Reihe von Schritten beschreibt, die der Lösung eines bestimmten Problems dienen. Die anderen Antworten klingen zwar ähnlich, haben aber andere Bedeutungen.
7. Lösung b. Die Tantieme ist eine Gewinnbeteiligung an einem Unternehmen oder aber die Vergütung eines Künstlers für die Aufführung seiner Werke (Kunst, Musik, Film etc.).

8. Lösung b. Bei einer Tarantel handelt es sich um eine südeuropäische Wolfsspinne.
9. Lösung c. »Loyal« bedeutet so viel wie »treu«. Die anderen Begriffe klingen zwar zum Teil ähnlich, sind aber alle falsch.
10. Lösung d. »Prinzipiell« bedeutet so viel wie »grundsätzlich«. »Kategorisch« bedeutet »keinen Widerspruch zulassend« und geht somit in eine andere Richtung.
11. Lösung c. Wer willfährig ist, richtet seinen Willen nach jemand anderem, d. h. er fügt sich jemand anderem und ist somit gefügig. »Schwach« ist ein zu allgemeiner Begriff und kann sich auch auf die Kraft einer Person beziehen. »Gutwillig« passt auch nicht richtig, da man durchaus gutwillig sein kann, ohne seinen eigenen Willen aufzugeben.
12. Lösung d. Bei Delfinen handelt es sich um Meeressäugetiere. Antwort a ist ein vollkommen anderer Begriff, Antwort b ist ein Werturteil, Antwort c ist schlicht falsch und Antwort e ist nachvollziehbar, aber viel zu ungenau.
13. Lösung a. Die Antworten a bis c gehen alle in die richtige Richtung, jedoch handelt es sich bei einem Krösus um einen reichen Mann, nicht um eine Frau. Somit ist auch »reicher Mensch« nicht präzise genug, da es sich bei einem Krösus nicht um eine Frau handeln kann.
14. Lösung b. Auch wenn man etwas explizit und mit Nachdruck sagen kann, so bedeutet »explizit« doch so viel wie »ausdrücklich«.
15. Lösung b. Eine Schippe ist eine Art Schaufel. Somit bedeutet »schippen« so viel wie »schaufeln«.
16. Lösung e. »Extraordinär« bedeutet so viel wie »außergewöhnlich« (wie im Englischen »extraordinary« oder im Französischen »extraordinaire«).
17. Lösung a. »Über etwas erhaben sein« heißt so viel wie »über etwas stehen« und hat somit ziemlich wenig mit »erleuchtet«, »allmächtig« etc. zu tun.
18. Lösung b. Ein Zaum ist eine aus Riemen bestehende Vorrichtung, während Käfige und Gitter meist aus Metall sind.
19. Lösung a. Keiner der obigen Begriffe ist identisch mit dem Wort Stuhl, jedoch geht der Begriff Schemel noch am ehesten in die richtige Richtung, da Schemel und Stuhl in etwa dieselben Dimensionen und dasselbe Aussehen haben (im Gegensatz zum Sessel).
20. Lösung c. Der Begriff »Mobilität« an sich bedeutet lediglich »Be-

weglichkeit«, auch wenn er sehr oft in Verbindung mit Erreichbarkeit, Flexibilität und Unabhängigkeit erwähnt wird.

21. Lösung e. Gram ist eine Mischung aus Kummer und Trauer. Schande, Scham und Ärgernis verfehlen das Ziel, Wermut ist eine Pflanze und nicht mit Wehmut zu verwechseln.
22. Lösung d. Ein Hinterhalt ist eine Falle.
23. Lösung d. »Druck« ist das Gegenteil von »Zug« und kommt somit nicht in Frage. b, c und e sind ebenfalls Begriffe aus der Mechanik, die allerdings nicht viele Ähnlichkeiten mit dem Begriff Zug haben.
24. Lösung e. Ein Geschöpf ist im allgemeinen Sinne ein Wesen, sowohl Mensch als auch Tier. Somit sind die Antworten c und d nicht vollständig. Da der Begriff Geschöpf nicht negativ belegt ist, kann auch Antwort a nicht richtig sein.
25. Lösung b. Der Begriff »obsolet« bedeutet so viel wie »veraltet, überholt«. Somit beschreibt der Vorgang der Obsoleszenz das Veralten. Etwas Obsoletes ist zwar auch überflüssig, allerdings handelt es sich dabei nicht um ein Synonym.
26. Lösung c. Etwas Gravierendes ist etwas Schwerwiegendes. Das hat nichts mit Gewicht zu tun und auch nichts mit gravieren.
27. Lösung b. »Radizieren« ist der mathematische Fachbegriff für »Wurzel ziehen«, so wie z. B. addieren für dazuzählen steht.
28. Lösung c. Jemand der gewitzt ist, ist in der Regel einfallsreich und clever. Er muss aber nicht zwangsläufig lustig oder durchtrieben sein.
29. Lösung a. Ein Handy ist ein Mobiltelefon, das im Gegensatz zu einem schnurlosen Telefon keine Basisstation benötigt, um Empfang zu haben.
30. Lösung d. Eine Amnestie ist ein Straferlass. Das Wort kommt aus dem Griechischen: »amnestia« bedeutet so viel wie »vergessen, vergeben«. Somit sind die Antworten b und c nicht ganz abwegig, aber falsch. Und mit Antwort e verwechseln sollte man den Begriff Amnestie grundsätzlich nicht.
31. Lösung d. Wenn man unterwürfig ist, dann unterwirft man sich jemandem, man kniet bildlich gesehen vor ihm. »Kriecherisch« kommt diesem Begriff sehr nahe. »Willenlos« bedeutet nicht automatisch unterwürfig, und »schmeichlerisch« ist zu positiv.
32. Lösung d. »Publizieren« bedeutet, etwas zu veröffentlichen.
33. Lösung a. Was absurd ist, macht keinen Sinn. Was keinen Sinn macht, ist widersinnig. Etwas Absurdes kann auch unverständlich

sein, aber etwas Kompliziertes oder Schwieriges ebenfalls. Dieser Begriff ist also zu unpräzise um als Synonym für absurd durchzugehen.

34. Lösung e. »Etwas verunstalten« ist aus einer Gestalt eine Ungestalt machen. Eine Ungestalt ist entstellt. Somit bedeutet verunstalten so viel wie entstellen. Die anderen Begriffe gehen zwar in die richtige Richtung, aber sie treffen den Nagel nicht auf den Kopf, da sie zu speziell sind, um alle Anwendungen des Begriffs »verunstalten« abzudecken.
35. Lösung b. Etwas Perfektes ist etwas, dass unserem Idealbild davon entspricht. Es ist sozusagen vollendet bzw. vollkommen.
36. Lösung c. »Kolossal« bedeutet so viel wie »riesig«. »Riesig« ist gleichbedeutend mit »gewaltig«. Eindrucksvoll und imposant ist etwas Kolossales nicht zwangsläufig. Das kolossale Ausmaß einer Seuchenepidemie z. B. ist weder eindrucksvoll noch imposant.
37. Lösung b. Ein Delikt ist etwas Illegales. Das einzig Illegale unter den Auswahlmöglichkeiten ist »Vergehen«.
38. Lösung c. Eine Trophäe ist ein Zeichen der Überlegenheit und des Erfolgs und kann somit als Siegeszeichen bezeichnet werden.
39. Lösung a. Ein Pedant ist ein kleinlicher Mensch.
40. Lösung b. Irdenware ist eine andere Bezeichnung für Tonware. Somit bezieht sich das Wort »irden« auf »Ton«. Für »zur Erde gehörig« gibt es ein sehr ähnliches Wort, nämlich »irdisch«.

Kommentierte Lösungen: Gemeinsamkeiten (S. 26)

1. Lösung b und g. »Entmutigend« heißt so viel wie »deprimierend«. »Vergnügt« ist nicht dasselbe wie »lachen« und »Freude« und »toben« passen weder zusammen noch zu den anderen Begriffen; hier fehlt die genaue Übereinstimmung.
2. Lösung c und f. Einen Giebel nennt man auch Dachfirst oder nur First. Da der Begriff »Dachfirst« hier nicht auftaucht, kann es sich nur um First handeln. Die anderen Begriffe klingen zwar ähnlich, haben aber keine Gemeinsamkeiten. Achtung bei »Second«: Es handelt sich hier um eine deutschsprachige Aufgabe, sonst hätte es einen Hinweis gegeben.
3. Lösung b und e. Ein Manifest ist eine Erklärung. Es gibt zwar das bekannte Kommunistische Manifest, aber der Begriff Manifest allein hat noch nichts mit Kommunismus zu tun.
4. Lösung a und e. »Genie« im Sinne von »genial sein« hat dieselbe Be-

deutung wie »Geistesgröße«. Ein Talent hat nahezu jeder Mensch, ob Genie oder nicht. Ein Denker macht noch kein Genie, und Querköpfe oder Geistesgestörte sind Genies natürlich auch oftmals nicht. Antwort g sollte nicht mit Begnadung verwechselt werden. Jemand der mit etwas begnadet ist, hat eine außergewöhnliche Gabe, jemand der begnadigt ist, ist wieder auf freiem Fuß.

5. Lösung e und g. Mein Enkelkind ist das Kind meines Kindes. Somit ist ein Enkelkind ein Kindeskind. Die anderen Begriffe sind zwar untereinander sehr ähnlich, jedoch nicht 1:1 identisch wie Enkelkind und Kindeskind.
6. Lösung b und e. »Suggestion« ist ein Synonym für »Beeinflussung«. Alle anderen Begriffe sind nicht bedeutungsgleich.
7. Lösung a und d. »Despotismus« bedeutet etwa dasselbe wie »Diktatur«, nämlich die Herrschaft eines Despoten. Sozialismus und Kommunismus könnten ein Begriffspaar bilden, sind aber nicht identisch, da es sich hierbei um zwei unterschiedliche gesellschaftliche Ideologien handelt.
8. Lösung b und e. »Produzieren« und »fabrizieren« sind die mit Abstand ähnlichsten Begriffe. Auch wenn es sich bei den anderen Tätigkeiten ebenfalls um handwerkliche Fertigungsprozesse handelt, sind diese zu speziell und verschieden.
9. Lösung a und b. Eine »Beglaubigungsurkunde« nennt man auch »Akkreditiv«.
10. Keine Lösung möglich. Es gibt keine Übereinstimmungen und den Oberbegriff »unbunt«, etwa für d und f, lassen wir nicht gelten.
11. Lösung a und d. Eine »Geißel« ist eine »Plage«. Nicht zu verwechseln mit Geisel. Alle anderen Begriffe lassen sich zwar in eine gemeinsame Schublade einordnen, aber es sind keine identischen Begriffe.
12. Lösung a und e. »Altbacken« ist ein altbackener Ausdruck für »altmodisch«. Das hat natürlich nur im übertragenen Sinne mit backen zu tun, somit kommen die Antworten b und c nicht in Frage.
13. Lösung a und g. Bei einem Silberfisch handelt es sich entweder um eine Karpfenart (auch: Silberkarpfen), um den so genannten Antarktischen Silberfisch, oder aber, am wahrscheinlichsten, um einen Schädling. Da Ersteres unter den Antworten nicht vorkommt, muss es sich bei einem Silberfisch um einen Schädling handeln.
14. Lösung a und f. Es handelt sich zwar bei den Antworten a–e und g um Gewürze, da jedoch nur zwei Begriffe ähnlich bzw. identisch sein dürfen, muss es noch eine andere Lösung geben. Und da der

umgangssprachliche Name für Diabetes Zuckerkrankheit oder kurz »Zucker« lautet, sind a und f das richtige Paar.

15. Lösung c und e. Bei einer »Glucke« handelt es sich in allererster Linie um ein »Huhn«. Das Begriffspaar a und d ist demnach nicht so nah wie c und e, weil »Insekt« nur der Oberbegriff ist.
16. Keine Lösung möglich. Alle Begriffe sind sehr ähnlich bis identisch, somit gibt es keine zwei Begriffe, die sich deutlich ähnlicher sind als die anderen.
17. Lösung b und d. »Eloquent« bedeutet so viel wie »wortgewandt« oder »sprachgewandt«.
18. Lösung c und d. Eine Exkommunikation ist ein Ausschluss. »Gespräch« hat zwar etwas mit »Kommunikation« zu tun, ist jedoch nur ein kleines Untergebiet davon. Die Antworten e bis g enden zwar alle auf -»schluss«. Von der Endung auf ein Synonym zu schließen, wäre jedoch ein Trugschluss.
19. Lösung c und g. »Scheitern« ist ein Synonym für »versagen«. »Aufgeben« ist aktiv und einmal verlieren bedeutet noch nicht generell gescheitert sein. Bei Antworten d bis f handelt es sich um Adjektive, die nicht übereinstimmen.
20. Lösung f und g. Hochschule ist ein anderes Wort für Universität. Die anderen Schultypen sind jeweils keine Universitäten.
21. Lösung c und f. Wenn ein Kredit gestundet wird, dann wird seine Rückzahlung zurückgestellt. Somit hat der Schuldner mehr Zeit, das nötige Geld aufzutreiben. Minuten, Tage und Sekunden sind zwar recht ähnliche Begriffe, da sie allesamt Zeitangaben sind, aber die größte Übereinstimmung finden wir bei c und f.
22. Lösung b und e. Es handelt sich bei diesem Begriffspaar um zwei besonders unschöne Synonyme für den Begriff »sterben«.
23. Lösung d und f. Ein Versteckspiel ist eine Art Heimlichtuerei. Die anderen Begriffe sind zwar teilweise ähnlich, bilden aber nicht nur ein Begriffspaar, da es mehr als zwei Begriffe gibt, bei denen es sich um ein Spiel handelt.
24. Lösung a und c. »Wirtschaftlich« kann mit »ökonomisch« gleichbedeutend sein. Die anderen Begriffe sind z.T. widersprüchlich (knauserig – verschwenderisch) und lassen sich nicht kombinieren.
25. Lösung b und d. Diese beiden Adjektive sind in dieser Reihe inhaltlich am nächsten beieinander Stichwort: Bedürfnislosigkeit oder Bescheidenheit.

26. Lösung b und d. Um diese Aufgabe erfolgreich bearbeiten zu können, muss man lediglich wissen, dass »Anthropo«- etwas mit Menschen zu tun hat. Wenn man gut in Bio war, dann weiß man noch, dass -»phage« etwas mit fressen zu tun hat. Somit ist ein Anthropophage ein Menschenfresser, auch Kannibale genannt.
27. Lösung a und b. Harm bedeutet so viel wie Kummer. Nicht zu verwechseln mit dem englischen Wort »harm«, was so viel bedeutet wie Schaden.
28. Lösung c und d. Das Harakiri ist eine Art ritueller Selbstmord, besser formuliert, eine besondere Art der Selbsttötung.
29. Lösung a und f. Bei einem Handout handelt es sich um den neudeutschen Begriff für einen Ausgabezettel. Die Begriffe b bis e gibt es gar nicht und Flugblatt heißt auf Neudeutsch Flyer.
30. Lösung d und e. Beides sind Ballsportarten.
31. Lösung e und f. Aktien und Pfandbriefe sind beides Wertpapiere. Sicher sind so manche Briefmarken und Sparbücher auch einiges wert, aber ihnen fehlt der gemeinsame Oberbegriff.
32. Lösung a und g. Die Steinzeit ist eine Epoche, alle anderen Begriffe liegen weiter auseinander.
33. Lösung a und f. Mütze und Strumpf sind beides Kleidungsstücke, somit bilden sie ein Begriffspaar mit gemeinsamem Oberbegriff. Eis und Kälte sowie Kälte und Winter machen zwar auch Sinn, aber hier ist der gemeinsame Oberbegriff nicht so eindeutig (z. B. ist Winter eine Jahreszeit, Kälte ist ein Sinneseindruck).
34. Lösung b und d. Reißverschluss und Türriegel dienen beide dazu, etwas zu öffnen oder zu schließen.
35. Lösung f und g. Beide decken etwas ab, sie bilden also ein Begriffspaar mit gleicher Funktionalität. Eine Dose hat zwar einen Deckel, aber gleiche Funktionalität kommt bei den Gemeinsamkeiten vor gemeinsamem Vorkommen.
36. Lösung d und g. Ein Torso ist ein menschlicher Körper ohne Kopf und Gliedmaßen. Es handelt sich sozusagen um die verstümmelte Darstellung eines ganzen Menschen, so wie eine Ruine die verstümmelte Version eines ganzen Bauwerks ist.
37. Lösung c und g. Skorbut und Rachitis sind beides Mangelkrankheiten, während die anderen genannten Krankheiten auch ohne mangelhafte Ernährung auftreten können.
38. Lösung c und f. Silo und Tresor dienen beide der Aufbewahrung und haben somit eine gemeinsame Funktion.

39. Lösung c und d. Höhle und Bau sind beides überdachte unterirdische Hohlräume. Ein Loch muss nicht überdacht sein.
40. Keine Lösung, da es mehrere Antwortmöglichkeiten gibt: Base ist der deutsche Ausdruck für das französischstämmige Wort Cousine (das neuerdings auch Kusine geschrieben werden darf). Und auch Lauge und Base bezeichnen dasselbe. Somit gibt es nicht nur ein richtiges Begriffspaar.

Kommentierte Lösungen: Sprachanalogien (S. 31)

1. Lösung a. »Riesig« bedeutet so viel wie »gigantisch« und somit muss das gesuchte Wort so viel wie »winzig« bedeuten. »Klitzeklein« ist das einzige Wort, das hier genau passt, da kleinlich und kleinkariert eine andere Bedeutung haben und die anderen Ausdrücke auch nicht passen.
2. Lösung b. Eier sind ein Produkt von Hühnern, und guter Kaviar ist ein Produkt vom Stör.
3. Lösung d. Erosion ist eine Folge von Wind, genauso wie Korrosion durch Wasser entsteht. Das andere sind Getränke.
4. Lösung c. Bei dem Paten handelt es sich um einen Profi-Mafioso, während alle anderen genannten Begriffe mit Kriminalität eher wenig zu tun haben.
5. Lösung d. Geben und wegnehmen steht im selben Verhältnis wie gewöhnen und entziehen. Hingabe, Aufgabe oder Begabung haben nichts mit »geben« direkt zu tun.
6. Lösung c. Ein Altruist ist selbstlos, ein Egoist handelt nur zum eigenen Nutzen, somit ist Eigennutz das gesuchte Pendant zu Selbstlosigkeit.
7. Lösung b. Bei Rüstzeug handelt es sich um Ausrüstung, nicht um Rüstung im Sinne von Schutz. Rüstzeug und Abrüstung verhalten sich also zueinander wie Demilitarisierung (Abrüstung) und Ausrüstung (Rüstzeug). Hier stehen die Begriffspaare nicht im direkten Bezug zueinander, dieser entsteht erst durch Einsetzen des gesuchten Begriffs.
8. Lösung e. Lokal bedeutet so viel wie örtlich und global bedeutet so viel wie weltumspannend. Mit Restaurant, Gasthaus und Herberge hat das Adjektiv »lokal« nicht viel zu tun, und irden bedeutet »aus Ton«.
9. Lösung d. Wenn etwas bezeichnend für jemanden ist, dann ist es für diese Person charakteristisch. Beschreibend bedeutet so viel

wie deskriptiv. Somit verhält sich bezeichnend zu beschreibend wie deskriptiv zu charakteristisch.

10. Lösung d. Der Kapitän eines Schiffes ist wie der Dirigent eines Orchesters: Er dirigiert, organisiert, gibt den Kurs (und das Tempo) an – nicht etwa der Steuermann, der eher eine Fach- aber keine Führungsverantwortung hat. Ein Admiral ist zwar ein noch höherer Rang als Kapitän, jedoch fährt dieser nicht immer selbst zur See und wenn doch, dann übernimmt er die Rolle des Kapitäns. Somit passt der Begriff Admiral nicht so gut wie Kapitän. Admiral wäre eher mit Konzertdirektor zu vergleichen.
11. Lösung d. Das RAM ist im übertragenen Sinne das Kurzzeitgedächtnis eines Computers. Nach dem Ausschalten sind alle dort vorhandenen Informationen gelöscht. Im ROM-Speicher (z. B. CD-ROM, DVD-ROM) lassen sich Informationen deutlich länger speichern. Es entspricht in etwa dem Langzeitgedächtnis des Menschen. Somit verhält sich RAM zu ROM wie Kurzzeit- zu Langzeitgedächtnis.
12. Lösung c. Ein Tor ist deutlich größer als eine Tür, erfüllt aber im Wesentlichen denselben Zweck (öffnen, schließen, Schutz, Absperrung). Eine Kathedrale ist deutlich größer als eine Kapelle, erfüllt aber auch denselben Zweck (Gottesdienst). Streichorchester kann es nicht sein, da es sich, wie der Name schon sagt, um Streichinstrumente handelt, während in einer Kapelle oftmals Blasinstrumente zum Einsatz kommen.
13. Lösung e. Eine Scheibe ist aus Glas, eine Platte kann aus Holz sein. Beide sind flach und eben, im Gegensatz zu a (Stab).
14. Lösung b. Notebook ist ein anderes Wort für Laptop. Sinngleich ist ein anderes Wort für synonym. Den Begriff synophon gibt es nicht und die anderen Begriffe stehen für gleichen Wortklang, aber andere Bedeutung.
15. Lösung c. Mikro steht für winzig und mega steht für riesig. Antwort b trifft nicht den Punkt, da das Gegenteil von winzig eher riesig ist als groß.
16. Lösung c. Vorspeise verhält sich zu Nachspeise wie Prolog zu Epilog. Die Vorspeise kommt vor dem Hauptgericht und die Nachspeise kommt im Anschluss. Genauso kommt der Prolog vor der Haupterzählung und der Epilog kommt anschließend.
17. Lösung a. Die Moderne wird auch als Neuzeit bezeichnet. Ebenso wird das Altertum auch als Antike bezeichnet.

18. Lösung d. Niedertracht bedeutet so viel wie Fiesheit und Kreatur ist ein anderes Wort für Geschöpf. Die anderen Begriffe haben zwar alle dieselbe Endung, jedoch abweichende Bedeutungen.
19. Lösung d. Der Fressfeind der Ameise ist der Ameisenbär, welcher u. a. die Ameise als Beutetier hat. Somit verhält sich der Fressfeind zur Ameise wie der Ameisenbär zum Beutetier: Der Eine frisst den Anderen.
20. Lösung d. Illuminieren heißt so viel wie beleuchten und verdunkeln und dimmen sind ähnliche Begriffe. Somit verhält sich beleuchten zu verdunkeln wie dimmen zu illuminieren.
21. Lösung b. Plastik ist kein natürliches Material, sondern künstlich (synthetisch) hergestellt. Somit verhält sich der Begriff Plastik zu Natur wie der Begriff natürlich zu synthetisch.
22. Lösung c. Ein Schlüssel öffnet ein Schloss, eine Zugbrücke öffnet den Zugang zur Burg.
23. Lösung b. Die Holme halten die Sprossen einer Leiter zusammen und sorgen so für Stabilität, genauso wie Stahlträger für die Stabilität eines Hochhauses sorgen.
24. Lösung c. Panik ist unverhoffte, unkontrollierte Angst, Flucht ist ein plötzlicher, unkontrollierter Rückzug.
25. Lösung a. Ein Stich ist ansatzweise kreisförmig, hat eine geringe Ausdehnung, aber eine gewisse Tiefe, während ein Schnitt meist weniger tief als lang ist. Ebenso ist eine Furche eher länglich als tief und ein Loch ist tiefer als breit und oft kreisförmig.
26. Lösung b. Das Diesseits ist die Erde, der Himmel ist im Jenseits. Himmel und Hölle sind zwar auch Gegensätze, jedoch passt Hölle nicht zu diesseits.
27. Lösung c. Ein Töpfer töpfert Töpfe, ein Hufschmied schmiedet Hufeisen und keine Hufe, denn die hat jedes Pferd.
28. Lösung c. Fleisch enthält hauptsächlich den Nährstoff Protein, während Schwarzbrot hauptsächlich Stärke enthält, die erst bei der Verdauung in Glukose aufgespalten wird. Bei Dextrose handelt es sich um Traubenzucker, welcher sich von Glukose unterscheidet, aber in Schwarzbrot ebenfalls nicht enthalten ist.
29. Lösung e. Bei einer Gebrauchsanweisung handelt es sich um einen Sachtext, genauso wie es sich bei einem Sachbuch um einen (meist etwas längeren) Sachtext handelt. Bei einer Kurzgeschichte handelt es sich um Literatur, genau wie es sich auch bei einem Roman um ein (meist längeres) literarisches Werk handelt.

30. Lösung d. Eine Dublette ist eine Reproduktion des Originals, ein Nachdruck ist eine Reproduktion der Erstauflage.
31. Lösung d. Ein Federkiel ist ein wesentlich altmodischeres Schreibgerät als ein Kugelschreiber, ein Breitschwert ist eine wesentlich altmodischere Waffe als eine Pistole. Pfeil und Bogen sowie Wurfaxt sind jeweils nicht wesentlich moderner als das Breitschwert und kommen somit nicht in Frage.
32. Lösung c. Der Bauarbeiter hat einen Helm auf dem Kopf und der Baum hat im oberen Bereich seine Krone.
33. Lösung b. Eine Zäsur ist ein Einschnitt, eine Revolution ist ein Umschwung und hat nicht automatisch mit Krawall und Anarchie zu tun.
34. Lösung a. Die Zensur gibt die akademische Leistung wieder, der Tacho zeigt die Geschwindigkeit an.
35. Lösung d. Etwas Perfektes ist vollkommen und ein Provisorium ist eine Übergangslösung. Lösung e kann es nicht sein, da die anderen Begriffe alle in der substantivierten Form vorkommen und »makellos« nicht.
36. Lösung a. Aufgabe kommt von aufgeben (hier im Sinne von aufhören). Eine Eingabe (im Sinne von Gesuch) ist ein Antrag. Somit verhält sich Aufgabe zu Eingabe wie beantragen zu aufgeben.
37. Lösung c. Ein Käfer ist durch einen Chitinpanzer geschützt, so wie ein Baum durch seine Rinde geschützt ist. Aus dem Kontext ist ersichtlich, dass es sich hier nicht um Panzer im militärischen Sinne handelt.
38. Lösung e. Ein Kreis ist ein zweidimensionales mathematisches Gebilde (2D), eine Kugel ist ein dreidimensionaler mathematischer Körper (3D). Lassen Sie sich nicht von anders lautenden Begriffen aus der Ruhe bringen!
39. Lösung d. Volljährig verhält sich zu mündig wie minderjährig zu unmündig.
40. Lösung c. Eine Heizung dient zum Wärmen, eine Eistruhe erzeugt Kälte. Sie kann zwar auch Eis erzeugen, das ist jedoch nicht ihre primäre Aufgabe.
41. Lösung b. Eine Schlange wird erst durch ihren Giftzahn zur tödlichen Gefahr, genauso wie ein Skorpion erst durch seinen Stachel tödlich werden kann. Somit verhält sich Schlange zu Giftzahn wie Stachel zu Skorpion.

Kommentierte Lösungen: Unmöglichkeiten (S. 37)

1. Lösung d ist die einzig inhaltlich richtige Aussage. Beim Kontrahieren kann sich nichts nicht verlängern, denn kontrahieren bedeutet zusammenziehen. Ein Muskel verbraucht Energie, besonders bei Belastung. Er kontrahiert, wenn er Arbeit verrichtet, und dann bewegt er sich auch. Er kann in Folge von Training oder schwerer körperlicher Arbeit wachsen. Also sind die Aussagen a, b, c, e und f falsch.
2. Lösung f ist die einzig inhaltlich richtige Aussage. Selbst wenn Sie sich anstrengen, werden Sie – ob im Kino oder nicht – zumindest minimale Geräusche von sich geben. Das ist auch völlig normal, so wie Antwort f. Alle anderen Aussagen sind falsch, da durchaus möglich – wenn auch das Fotografieren im Kino verboten ist.
3. Lösung d ist die einzig inhaltlich richtige Aussage. Es ist einem Bogenschützen durchaus möglich, mit Pfeil und Bogen zu schießen. Ebenfalls kann er mit zwei Pfeilen in ein Ziel treffen und theoretisch sogar mit einem Pfeil zwei Ziele treffen, indem der Pfeil das erste Ziel durchbohrt und im zweiten, dahinter liegenden Ziel stecken bleibt. Der Schütze kann sich bedauerlicherweise auch selbst treffen und sich in seiner Leistung auch übertreffen. Jedoch kann niemand vor Turnierbeginn bereits schon gewonnen haben, denn ohne Wettbewerb kann es auch keinen Sieger geben.
4. Lösung e richtig. Es ist nicht unmöglich, dass ein Atomkraftwerk einen Unfall hat, abgeschaltet oder renoviert werden muss, vielleicht sogar doch preiswerteren Strom produziert oder aber auch Ziel eines terroristischen Anschlages wird. Ohne Sicherheitsauflagen geht es aber Gott-sei-Dank dann doch nicht ans Netz.
5. Lösung e ist die einzig inhaltlich korrekte Aussage. Es ist unmöglich, mit einer Klappe und nur einmal Zuschlagen einen ganzen Hornissenschwarm zu erschlagen (bitte nicht ausprobieren). Man kann aber mit einer Klappe Regisseur spielen und die anderen Dinge ebenfalls per Klappe erledigen.
6. Lösung c ist richtig. Ein Frosch kann sich nicht in einen Prinzen verwandeln, auch wenn in den Werken der Gebrüder Grimm mitunter Gegenteiliges behauptet wird.
7. Lösung f ist die einzig inhaltlich falsche Aussage. Alle anderen Aussagen sind inhaltlich korrekt, denn ein Lautsprecher kann nicht sprechen, auch wenn der Name Gegenteiliges vermuten lässt. Somit kann er auch nicht flüstern, nuscheln oder tuscheln. Jedoch

können Lautsprecher unter gewissen Umständen explodieren (kommt aber eher selten vor, keine Angst).

8. Lösung d richtig. Ohne Zweifel kann elektrischer Strom vieles: wärmen, antreiben, gespeichert werden, aber es ist doch unmöglich ihn in ein Gas zu verwandeln.
9. Lösung f ist richtig. Ein Gartenzaun ist weder ein Lebewesen noch ein technisches Gerät und kann somit nicht in seiner Lebens- bzw. Arbeitsweise gestört werden. Alles andere ist möglich. Man kann den Zaun loben, schleifen, leimen, streichen und sogar ölen (auch wenn das scheinbar wenig Sinn macht).
10. Lösung a ist die einzig inhaltlich falsche Aussage, denn ein Kilo Federn wiegt genau ein Kilogramm, ein Kilo Kürbiskerne auch. Die anderen Aussagen sind inhaltlich alle korrekt:1000 ml Eiscreme sind leichter als ein Kilo, und die anderen Angaben weichen ebenfalls stark von 1 kg ab.
11. Lösung a ist hier die einzig falsche Aussage. Eine Messingschraube kann weder schweben noch schwimmen (da Messing schwerer ist als Wasser). Da eine Messingschraube nicht aus Eisen ist, kann sie ebenfalls nicht rosten. Bei Minusgraden verglühen kann Messing natürlich auch nicht. Jedoch ist es durchaus möglich, dass sie in das vorgesehene Loch passt.
12. Lösung b ist die einzige inhaltlich richtige Aussage. Neuland ist deshalb Neuland, weil es neu und unerkundet ist. Jedoch kann es Lebewesen und Vegetation aufweisen sowie für die Entdecker einen neuen Lebensraum darstellen. Es kann sowohl betreten als leider auch zerstört werden.

Kommentierte Lösungen: Schlussfolgerungen (S. 41)

1. Lösung a. Wenn Streichholz A kürzer ist als Streichholz B und Streichholz C ebenfalls länger ist als Streichholz A, dann muss A das kürzeste Streichholz sein.
2. Lösung d. Benni hat die besten Chancen bei Anna, da er noch bessere Chancen hat als Richard. Dieser hat bereits bessere Chancen bei Anna als Tobias, und Tobias ist beliebter bei Anna als Klaus.
3. Lösung b. Dr. Hoffnungslos hat am wenigsten Ahnung, denn er kann den Patienten mit seinem Wissen nur fast so gut helfen wie Schneidauf. Dieser ist bereits schlechter als Tunichtgut, der wiederum nicht schlechter ist als Dr. Hoffnungslos, ebenso wie Redeviel.

4. Lösung f. Susannes Geschrei hält die ganze Nacht an, wenn sie schreit, jedoch wissen wir nicht, ob Klein-Benjamin noch länger brüllen kann. Insofern ist keine eindeutige Aussage möglich.
5. Lösung g. Gottlieb und Moritz sind die besten Sportler. Max ist schlechter als Moritz und Gottlieb und Moritz liegen gleichauf. Wilhelm liegt zwischen Max und Moritz, und Godehart und Helmbrecht liegen sogar noch hinter Max.
6. Lösung b. Container 59 und 98 sind gleich schwer, Container 63 ist leichter. Die restlichen drei Container sind schwerer. Wir erstellen eine Reihenfolge: Container 42 ist schwerer als die bisherigen, Container 04 ist leichter und Container 36 ist schwerer als Container 42. Somit ist Container 36 der schwerste Container.
7. Lösung b. Gabi ist besser als Klaus und dieser ist besser als Angelika und Herbert. Somit ist Gabi die beste Einparkerin. Oder: H < A < K < G
8. Lösung c. Aus dem Aufgabentext ist auf den ersten Blick ersichtlich, dass Hennebert einen ziemlich großen Appetit vorweisen kann. Von ihm ausgehend untersuchen wir den Appetit der anderen: Wir erfahren in den letzten zwei Sätzen, dass Fridolin weniger Hunger hat als Waldemar, jedoch mehr Hunger als Hennebert. Somit hat Waldemar den größten Hunger.
9. Lösung c. Der Zug nach Ulm hat die drittlängste Verspätung. Spätestens hier kommt man um die Erstellung einer Liste nicht herum. Zunächst eliminieren wir alle unwichtigen Aussagen wie z.B. »schön ist das nicht« oder »Kaffee umsonst«. Dann stellen wir Ungleichungen auf, in denen wir die Verspätungen der Züge miteinander vergleichen. Wir erhalten: Verspätung Hamburg < Leipzig < München < Ulm < Stuttgart < Köln. Daraus können wir ablesen, dass es sich beim dritten Wert von hinten (bei der drittlängsten Verspätung) um den Zug aus Ulm handelt.
10. Hier ist keine Lösung möglich (Antwort a). Wir können zwar sagen, dass Anna die schlechtesten Noten schreibt, aber ist sie deshalb auch die schlechteste Schülerin, auch im Vergleich zu den Jungs? Es wird in der Aufgabe keine Information über die Relation zwischen Jungs und Mädchen gegeben. Man kann nur vermuten, dass die Jungs besser sind, aber vielleicht sind sie auch einfach nur weniger bescheiden?

Kommentierte Lösungen: Absurde Schlussfolgerungen 1 (S. 46)

1. Lösung b. Die Aussage stimmt nicht. In der Aufgabe steht explizit »mancher« Humor und »mancher« Wein ist trocken. »Humor ist wie Wein« heißt jedoch, dass jeder Humor wie jeder Wein ist und das ist selbst als Absurdität noch falsch.
2. Lösung b. Man kann von einer vollen Leere nicht automatisch auf eine leere Fülle schließen. Wir wissen, dass die Leere leer ist, weil sie voll ist. Aber ob die Fülle auch leer ist, wissen wir nicht.
3. Lösung a. Wenn alle Flugzeuge unter Wasser brüten, aber nur manche Vögel, dann sind die restlichen Vögel automatisch keine Flugzeuge, da sie ja vielleicht nicht unter Wasser brüten.
4. Lösung a. Wenn die Luft grün ist und grün nicht sein kann, dann kann die Luft nicht sein.
5. Lösung b. Diese Aussage ist nicht nur in sich falsch, sondern auch noch im Kontext falsch. Wir wissen lediglich, dass Rosen Fernseher zum Duften brauchen. Wir wissen nicht, dass Rosen fernsehen. Insofern können wir nicht schlussfolgern, dass Rosen keine Rosen sein können.
6. Lösung b. Leider können nicht alle Saxophone zu jeder Zeit mit den Fischen fliegen, da es im Aufgabentext heißt »fast immer«. Insofern ist die Schlussfolgerung falsch, da sie zu allgemein ist.
7. Lösung b. Es gibt einen Unterschied zwischen »entkommen wollen« und »entkommen sein«. Somit kann man diese Behauptung nicht aufstellen.
8. Lösung a. Wenn alle Korkenzieher schwarz leuchten und alles, was schwarz leuchtet, nicht aus dem Norden kommt und das dann wiederum aus der Regentonne kommt, dann kommen alle Korkenzieher aus der Regentonne.
9. Lösung a. Hier wird lediglich eine Aussage über die Steckdosen der letzten 340 Jahre gemacht. Was davor war, wissen wir nicht. Es ist also möglich, dass Steckdosen vor 340 Jahren keine Mantel nähenden Prinzessinnen waren.
10. Lösung b. Bücher können schreiben, aber nicht lesen, Bleistifte können lesen, aber nicht schreiben. Brillen können lesen und schreiben. Das sagt jedoch nichts über die Intelligenz von Brillen aus. Vielleicht sind Brillen ja trotzdem unintelligent und müssen täglich stundenlang lesen und schreiben üben, um es nicht zu verlernen. Die Aussage »Brillen sind intelligenter als Bücher und Bleistifte« trifft somit nicht zu.

Kommentierte Lösungen: Absurde Schlussfolgerungen 2 (S. 49)

11. Lösungen
    a) Stimmt nicht. Rosen sind zwar Hosen, jedoch sind Hosen nicht immer Dosen.
    b) Stimmt. Wenn eine Dose eine Hose ist (was sie laut Definition fast alle sind), dann ist sie auch eine Rose, da alle Hosen Rosen sind.
    c) Stimmt. Es sind zwar alle Hosen Rosen, jedoch nicht alle Dosen Hosen.
    d) Stimmt. Wenn etwas keine Hose ist, kann es auch keine Rose sein, da alle Rosen Hosen sind.
    e) Stimmt. Rosen sind alles, was Hosen und Dosen sein wollen. Wenn eine Hose schmecken will, dann schmeckt eine Rose.
    f) Stimmt nicht. Rosen können zwar alles, was Dosen und Hosen können wollen, aber vielleicht können Rosen darüber hinaus noch viel mehr. Es handelt sich wieder mal um einen falschen Rückschluss.
    g) Stimmt. Es ist durchaus möglich, dass es Hosen tragende, Dosen essende Rosen gibt, da im Text nichts dergleichen ausgeschlossen wird.

12. Lösungen:
    a) Stimmt, denn gegen einen Wert konvergieren ist etwas anderes, als den Wert tatsächlich annehmen.
    b) Stimmt nicht, denn wir können keine Aussage über die Farbe des Giftgelbs am Tage machen. Wir kennen die Farben nur für die Nacht im Grünen, für abends und für das Morgengrün.
    c) Stimmt. Man muss das Giftgelb laut Text im Morgengrün belichten, damit es rosa wird.
    d) Stimmt nicht. Man kann aus den obigen Aussagen keine automatischen Rückschlüsse auf die Farbe des Giftgelbs tagsüber machen.
    e) Stimmt nicht. Vielleicht schimmert ja etwas anderes, wenn das Giftgelb nicht schimmert.
    f) Stimmt. Blau und lila sind verschiedene Farben.
    g) Stimmt. Leicht rosa ist noch kein volles Rosa.

13. Lösungen:
    a) Stimmt. Was nach Baumrinde schmeckt, arbeitet in der Südsee und was dort arbeitet, ist fast immer ein Rennrodler. Somit schmecken viele Rennrodler nach Baumrinde.

b) Stimmt. Das geht direkt aus dem ersten Satz hervor.
c) Stimmt nicht. Was nach Baumrinde schmeckt, kann ein Rennrodler sein. Was jedoch aus Baumrinde ist, muss wiederum nicht unbedingt ein Rennrodler sein. Schein und Sein können eben sehr unterschiedlich sein.
d) Stimmt nicht. Was in der Südsee arbeitet, ist fast immer ein Rennrodler, aber nicht immer.
e) Stimmt nicht. Wenn Thunfisch nach Baumrinde schmeckt, dann schmeckt Baumrinde nicht automatisch nach Thunfisch.
f) Stimmt nicht. Nicht Baumrinde selbst arbeitet in der Südsee, sondern alles, was nach Baumrinde schmeckt.
g) Stimmt nicht. Zunächst einmal kann man nicht sagen, dass Thunfisch schwimmen kann. Des Weiteren ist zwar Streichholz aus Thunfisch, Thunfisch jedoch nicht zwangsläufig aus Streichholz.

Kommentierte Lösungen: Absurde Schlussfolgerungen 3 (S. 51)

14. Lösungen:
   a) Falsch. Nur wenn manche Menschen gewisse Ähnlichkeiten mit Zahnpasta und Mayonnaise haben, heißt das noch nicht, dass sie aus Zahnpasta oder Mayonnaise bestehen.
   b) Richtig. Das geht aus dem ersten Satz hervor.
   c) Falsch. Wenn sie nicht grinst, führt Mayonnaise vielleicht andere Handlungen aus, ohne dabei zwangsläufig beißen zu müssen.
   d) Richtig. Zahnpasta beißt, weil sie aus Holz ist. Mayonnaise beißt nicht, weil sie immer dämlich grinst. Wenn wir Holz durch Mayonnaise ersetzen, dann hört Zahnpasta auf zu beißen.
   e) Richtig. Der Satz ist zwar bewusst missverständlich formuliert, jedoch ist es möglich, aufgrund dieser zweideutigen Aussage diese Behauptung aufzustellen. Eine eindeutig falsche Aussage hätte präziser lauten müssen wie z. B. »Mayonnaise kann weder grinsen noch beißen«.
   f) Richtig. Der letzte Satz bestätigt dies.

15. Lösungen:
   a) Richtig. Es gibt obdachlose Tabletten. Aus dem Aufgabentext geht hervor, dass Tabletten stinken und deshalb verlassen sind. Der Text sagt ebenfalls aus, dass etwas, das verlassen ist, manchmal obdachlos ist. Somit ist es möglich, dass obdachlose Tabletten existieren.

b) Falsch. Da stinkende und somit verlassene Tabletten manchmal obdachlos sein können, ist es falsch, die Existenz obdachloser Tabletten zu leugnen.
c) Falsch. Im Aufgabentext heißt es, »was verlassen ist, ist manchmal obdachlos«. Obdachlosigkeit ist somit nicht explizit als Konsequenz für Verlassenheit genannt. Sonst müsste es heißen: »Tabletten sind manchmal obdachlos, weil sie verlassen sind«, was jedoch nicht der Fall ist.
d) Falsch. Alles was stinkt, ist verlassen. Das heißt jedoch nicht, dass alles, was verlassen ist, stinkt. Vielleicht gibt es noch mehr Dinge, die verlassen sind, aber nicht stinken. Somit kann diese Aussage nicht getroffen werden.
e) Falsch. Es ist zwar richtig, dass alle Häuser stinken, aber nicht alles, was stinkt, muss ein Haus sein. Falsche Schlussfolgerung.
f) Richtig. Wenn alle Tabletten Häuser sind, dann müssen zwangläufig zumindest manche Häuser Tabletten sein.

16. Lösungen:
a) Falsch. Wir können nicht mit Gewissheit sagen, dass es tatsächlich Zitronen gibt, die im Zirkus arbeiten. Da wir nicht die ganze Menge der Zitronen als Teilmenge der Orangen ansehen können aufgrund von Angaben wie »oftmals« und »wenige«. Insofern müsste die Aussage lauten: »Zitronen könnten im Zirkus arbeiten«, um wahr zu sein, sie ist in ihrer jetzigen Form jedoch falsch.
b) Richtig. Wenn alle Zitronen Melonen sind, dann ist die Menge der Zitronen eine Teilmenge der Menge der Melonen. Somit gibt es in der Menge der Melonen zwangsläufig Elemente, die gleichzeitig auch eine Zitrone sind.
c) Falsch. Diese Aussage ist logisch falsch, da es sich um eine Verallgemeinerung handelt. Wir wissen von Zitronen, Melonen und Orangen, dass sie krank sind oder es sein können. Aber nicht alles, was krank ist, ist automatisch eine Zitrone. Es handelt sich somit um einen falschen Rückschluss.
d) Richtig. Wir wissen, dass alle Zitronen krank und deshalb zugleich Melonen sind. Aber etwas anderes, das krank ist, ist vielleicht keine Melone, insofern ist die Aussage formal richtig.
e) Falsch. Diese Schlussfolgerung können wir aufgrund der gegebenen Informationen nicht treffen. Vielleicht bekommt die Melone für ihre Arbeit nur Kost und Logis oder arbeitet gar ehrenamtlich im Zirkus.

f) Falsch. Zirkus-Orangen arbeiten zwar, aber wir wissen nicht, ob sie hart arbeiten. Insofern kann die Aussage formal nicht getroffen werden.

Kommentierte Lösungen: Text-Schlussfolgerungen (S. 52)

1. Lösungen:
   a) Stimmt nicht, da man diese Aussage nicht aus dem Text gewinnen kann, sondern eine Annahme machen müsste.
   b) Stimmt, denn es gibt tatsächlich einen saisonalen Unterschied bei der Buchung von Reisezielen.
   c) Stimmt nicht, denn wir können nicht auf die Anzahl der Buchungen schließen, wenn wir lediglich die Buchungsvorlieben der Urlauber in Abhängigkeit von der Jahreszeit kennen.
   d) Stimmt nicht, denn wir erfahren nichts über die Buchungssituation im Sommer und müssten Vermutungen anstellen.

2. Lösungen:
   a) Stimmt nicht, da wir nichts über die Verkehrsdichte erfahren, sondern nur über die statistische Unfallhäufigkeit. Alles andere wären bloße Vermutungen.
   b) Stimmt, denn wenn die statistische Häufigkeit von Unfällen im Straßenverkehr jährlich immer wieder ansteigt, dann gab es vor zehn Jahren weniger Unfälle als heute.
   c) Stimmt nicht, denn es wird auf keine Relation zwischen Schaden für das Bruttosozialprodukt und Unfallhäufigkeit hingewiesen.
   d) Stimmt nicht, da wir nichts über die Zahl der Autos erfahren, sonder lediglich etwas über die statistische Unfallhäufigkeit.

3. Lösungen:
   a) Stimmt nicht, diese Aussage ist eine Interpretation.
   b) Stimmt ebenfalls nicht, denn auch das ist eine Vermutung.
   c) Auch das stimmt nicht, denn diese Aussage geht aus der Aufgabe nicht hervor.
   d) Stimmt nicht, denn auch das ist eine reine Vermutung und steht nicht im Aufgabentext.

4. Lösungen:
   a) Stimmt nicht, denn in der Aufgabe steht lediglich das, was die Menschen wissen und nicht das, wofür sie Interesse haben.

b) Stimmt, denn das geht genau aus der Aufgabe hervor.
c) Stimmt nicht, denn erstens steht im Text nichts von Kfz-Steuern in Zusammenhang mit Umweltbelastung und zweitens sind Kfz-Steuern kein Freibrief für Umweltverschmutzung.
d) Stimmt; es belastet die Umwelt, kurze Wege mit dem Auto zurück zu legen.

5. Lösungen:
a) Stimmt nicht, Masse ist nicht Klasse. Nur weil sie gut besucht ist, muss die Buchmesse nicht automatisch qualitativ sehr gut sein.
b) Stimmt, wenn die Messe jedes Jahr Millionen von Besuchern anzieht, dann müssen automatisch viele Menschen pro Jahr nach Frankfurt reisen, um die Messe zu besuchen.
c) Stimmt nicht. Wir können nichts über die Verkehrssituation auf Frankfurter Autobahnen sagen, da in der Aufgabe darüber keine Informationen enthalten sind.
d) Stimmt, die Frankfurter Buchmesse hat viele Besucher, da sie Millionen (sehr viele) von Besuchern anzieht.

6. Lösungen:
a) Stimmt nicht. Diese Aussage mag zwar generell nicht falsch sein, kann aber nicht aus dem Aufgabentext geschlussfolgert werden.
b) Stimmt nicht. Diese Schlussfolgerung kann ebenso wenig aus dem Aufgabentext gemacht werden.
c) Stimmt nicht. Im Aufgabentext steht, dass Plattenpanzer erstmals im 14. Jahrhundert in Westeuropa aufkamen; es geht jedoch nicht hervor, wann genau (z. B. »gegen Ende«).
d) Stimmt nicht. Das Jahr 1734 gehört bereits zum 18. Jahrhundert, in welchem Plattenpanzer nicht mehr verwendet worden sind.

7. Lösungen:
a) Stimmt nicht. Der Text sagt nichts über die Existenz von Kaisern in der Shang-Dynastie aus. Wir wissen lediglich, dass es mindestens einen König gab, jedoch nicht, dass es neben Königen auch Kaiser gegeben hat.
b) Stimmt nicht. Wessen Hauptstadt Háo war, geht aus dem Text

nicht eindeutig hervor, und Wohnort und Hauptstadt sind nicht dasselbe.

c) Stimmt nicht. Oft umziehen und gerne umziehen sind zwei verschiedene Dinge.

d) Stimmt nicht. Yin war zwar letzte Hauptstadt, jedoch nicht unbedingt Königssitz der Shang-Dynastie (geht nicht aus Text hervor).

8. Lösungen:

a) Stimmt nicht. Alles Porzellan ist zwar Tonzeug, jedoch ist nicht jedes Tonzeug auch Porzellan (falscher Rückschluss).

b) Stimmt. Wie im Text bereits erwähnt, besteht Porzellan aus einer speziellen, nicht aus einer x-beliebigen Tonsorte.

c) Stimmt. Neben Kaolin benötigt man ebenfalls noch Quarz und Feldspat zur Porzellanherstellung.

d) Stimmt. Wenn Weißes Gold ein anderer Name für Porzellan ist, dann handelt es sich hierbei um ein Synonym.

9. Lösungen:

a) Stimmt nicht. Nicht der Weinbrand, sondern die Weinsorten müssen immer aus Cognac kommen. Wo der Weinbrand tatsächlich hergestellt worden ist, ist für die Bezeichnung egal.

b) Stimmt. Das geht aus dem vorletzten Satz hervor.

c) Stimmt nicht. Im Versailler Vertrag wurde die Bezeichnung für französischen nicht für deutschen Weinbrand geregelt.

d) Stimmt. Brandy ist die englische Bezeichnung für Branntwein.

10. Lösungen:

a) Stimmt nicht. Diese Aussage geht nicht aus dem Text hervor.

b) Stimmt. Das geht aus dem ersten Satz des Aufgabentextes direkt hervor.

c) Stimmt. Betriebserfolg ist die Differenz aus betriebsbedingten Erträgen (Zweckertrag) und betriebsbedingten Aufwendungen (Zweckaufwand).

d) Stimmt nicht. Lediglich Erfolgskomponenten, die mit der betrieblichen Leistungserstellung in unmittelbarem Zusammenhang stehen, gehören zu den betriebsbedingten Erträgen und Aufwendungen. Daraus kann man nicht auf alle Erfolgskomponenten schließen, die Aussage ist somit eine Verallgemeinerung.

11. Lösungen:
   a) Stimmt nicht. Auch wenn es sicher von Vorteil ist, als Systemberater Freude am Beraten und Verkaufen zu haben, kann man diese Aussage nicht direkt aus dem Text schlussfolgern.
   b) Stimmt nicht. Analytisches Talent ist sicher hilfreich , aber ob es erforderlich ist, geht nicht aus dem Text hervor.
   c) Stimmt. Wie aus dem Text ersichtlich ist, analysiert ein Systemberater zunächst die bestehenden (IT-)Strukturen.
   d) Stimmt nicht. Der Auftraggeber entscheidet über das Ausmaß der Umsetzung der Pläne des Systemberaters.

12. Lösungen:
   a) Stimmt nicht. Auch wenn die meisten Krankenhäuser Großbetriebe sind, ist es laut Text nicht ausgeschlossen, dass es noch kleine Krankenhäuser gibt.
   b) Stimmt nicht. Es handelt sich hier um Schätzwerte, nicht um einen klar abgegrenzten Bereich.
   c) Stimmt nicht. Nur Großbetriebe erzielen einen so hohen Umsatz.
   d) Stimmt nicht. Umsatzzahlen sagen nicht viel über den Gewinn nach Abzug aller Kosten aus.

13. Lösungen:
   a) Stimmt nicht. Die Stadt ist seit 1683 ständige Hauptstadt und dieses Datum liegt im 17. Jahrhundert.
   b) Stimmt nicht. Auch wenn die Aussage generell wahr ist, kann man sie nicht direkt aus dem Text ohne Zusatzwissen schlussfolgern.
   c) Stimmt. Stockholm erstreckt sich über mehrere Inseln und muss somit auf mehreren Inseln erbaut worden sein.
   d) Stimmt nicht. Der älteste Kern der Stadt liegt auf dieser Insel, über das Alter der Insel im Vergleich zu den anderen Inseln sagt der Text nichts aus.

14. Lösungen:
   a) Stimmt. Zu seinem politischen Engagement gehörten die Warnung vor dem Nationalsozialismus und die Verurteilung von Atomtests und atomarerer Rüstung, sowie natürlich ein starkes Engagement für die medizinische Versorgung der Bevölkerung Afrikas, insbesondere Gabuns.

b) Stimmt. Im Jahr 1952 ist ihm der Friedensnobelpreis verliehen worden.
c) Stimmt nicht. Im Text finden sich keine Anhaltspunkte dafür, dass er im Kreise seiner Familie gestorben ist, auch wenn alle anderen Angaben stimmen.
d) Stimmt nicht. Schweitzer ist Dozent für Theologie, nicht für Philosophie.

Kommentierte Lösungen: Textanalyse (S. 58)

1. Text Lösungen
   a) Stimmt nicht, denn die Organisation von Datenverarbeitung und Rechnungswesen ist bankintern und nicht kundennahe.
   b) Stimmt nicht. Diese Antwort geht nicht aus dem Text hervor.
   c) Stimmt. Personal- und Ausbildungswesen, Planung, Organisation und Verwaltung gehören zu den bankinternen Aufgaben.
   d) Stimmt nicht. Von Vorwärtskommen im Beruf durch Fortbildungen ist im Text nicht die Rede.
   e) Stimmt nicht. Im Text ist nicht die Rede davon, dass man die Wahl zwischen zwei Aufgabenschwerpunkten hat.
   f) Stimmt nicht, denn Antwort c ist richtig.

2. Text Lösungen:
   a) Stimmt nicht: Dem medialen Trakt der Wirbelsäule lassen sich nicht ausschließlich, sondern überwiegend kurze Muskeln zuordnen, welche eine direkte Verbindung zwischen einzelnen Wirbeln herstellen.
   b) Stimmt nicht: Die Rückenmuskulatur hat nicht nur durch ihre Lage, sondern vor allem durch ihre Funktion eine essentielle Bedeutung im Alltag und bei sportlicher Betätigung.
   c) Stimmt nicht: Der laterale Trakt der Wirbelsäule umfasst zwar vorwiegend längere Muskelfasern, aber über deren Verbindung zu einzelnen Wirbeln gibt es keine Informationen im Text.
   d) Stimmt nicht: Diese Aussage kann man nicht aus dem Text heraus treffen, sondern lediglich mit anatomischem Hintergrundwissen.
   e) Stimmt: Der Rückenstrecker, welcher vom Hinterkopf entlang der Wirbelsäule bis zum Becken verläuft, zeichnet sich besonders deutlich im Lendenwirbelbereich ab.
   f) Stimmt nicht; Antwort e gibt einen Teil des Textes korrekt wieder.

3. Text Lösungen:

a) Stimmt nicht: Nicht der Unternehmer hat die Aufgabe, informiert zu werden, sondern das Rechnungswesen hat die Aufgabe, den Unternehmer zu informieren.

b) Stimmt: Die Finanzbuchhaltung, kurz: FiBu, erfasst das Geschäftsjahr, bei dem es sich um einen periodisch mit dem Kalenderjahr identischen Abrechnungszeitraum handelt.

c) Stimmt nicht: Nicht die Buchhaltung, sondern das Rechnungswesen umfasst Kostenrechnung, Statistik, Vergleichsrechnung sowie Investitionsrechnung bzw. -planung.

d) Stimmt nicht: Nicht Informationen über Höhe und Art, sondern über Höhe und Zusammensetzung von Vermögen sowie Schulden werden in der Bilanz in gestaffelter Form zusammengefasst.

e) Stimmt nicht: Nicht das Rechnungswesen, sondern lediglich das externe Rechnungswesen wird ebenfalls als Finanzbuchhaltung bezeichnet.

f) Stimmt nicht: Aussage b gibt einen korrekten Teilaspekt wieder.

4. Text Lösungen:

a) Stimmt nicht: Die physikalischen Zusammenhänge werden in die exakte Sprache der Mathematik formuliert, denn diese ist die Sprache der Physik, nicht umgekehrt.

b) Stimmt nicht: Der Zustand der Ruhe bezieht sich auf das Nichtvorhandensein von Bewegung, nicht auf die Abwesenheit von Lärm.

c) Stimmt nicht: Im Text geht es nicht um Akustik, sondern um das Ausbleiben von Bewegung, wenn von Ruhe gesprochen wird.

d) Stimmt: In der Statik ist der Zustand der Ruhe (Geschwindigkeit 0) wichtiger als im Maschinen- und Verkehrswesen, denn dort stehen vor allem Bewegungen im Mittelpunkt.

e) Stimmt nicht: Der Zustand der Ruhe ist auch im Maschinenwesen und Verkehrswesen relevant, wenn auch weniger wichtig als für Statiker und Tragwerksplaner.

f) Stimmt nicht: Aussage d ist korrekt.

5. Text Lösungen:

a) Stimmt: Inkontinente Frauen leiden meistens unter erschlaffter Beckenbodenmuskulatur, der zur eingeschränkten Funktionsweise des Blasenverschlussmechanismus führt. Dies gilt natürlich auch für inkontinente Männer gleichermaßen.

b) Stimmt nicht: Es leiden 25–30% aller Frauen in Deutschland darunter und 65% der über 80-jährigen Frauen.
c) Stimmt nicht: Nicht ein defekter, sondern ein beeinträchtigter Blasenverschlussmechanismus ist für Inkontinenz verantwortlich, die Ursache hierfür liegt meist in erschlaffter Beckenbodenmuskulatur.
d) Stimmt nicht: Der Text sagt nichts über Risiken aus, sondern gibt lediglich statistische Daten über den Anteil der Betroffenen wieder.
e) Stimmt nicht: Diese Aussage ist zwar recht wahrscheinlich, jedoch lässt sie sich nicht ohne Zusatzvermutungen aus dem Text ableiten.
f) Stimmt nicht: Aussage a ist korrekt.

6. Text Lösungen:
a) Stimmt nicht: Es geht nicht aus dem Text hervor, ob diese Veränderungen irreversibel sind.
b) Stimmt nicht: Beim Computervirus handelt es sich im Gegenteil zum Virus nicht um einen fehlerhaften DNA-Abschnitt.
c) Stimmt: Eine sich selbst reproduzierende, jedoch nicht selbständige Programmroutine, die sich an Computersoftware oder Betriebssystembereiche anhängt und Veränderungen an der Computersoftware vornimmt, nennt man Computervirus.
d) Stimmt nicht: Dies sind mögliche Auswirkungen, die nicht notwendigerweise alle auf einmal auftreten müssen.
e) Stimmt nicht: Nicht jedes selbst startende Programm, welches auf Reproduktion ausgelegt ist, würde man als Virus bezeichnen, sondern nur die, die auch Veränderungen am Rechner vornehmen, sprich Schaden anrichten können.
f) Stimmt nicht: Aussage c ist zutreffend.

7. Text Lösungen:
a) Stimmt nicht: Burkina Faso ist zwar das Ursprungsland der Volta, jedoch geht nicht aus dem Text hervor, ob sich daraus der Name Obervolta herleitet (auch wenn das zugegebenermaßen sehr nahe liegend erscheint).
b) Stimmt nicht: Zum einen besteht nicht nur das Hochland, sondern das ganze Land aus Savanne und Halbwüste, zum anderen handelt es sich um Dornsavanne.
c) Stimmt nicht, Burkina Faso hieß nicht bis 1894 Obervolta, sondern bis 1984.
d) Stimmt: Die in der Sahelzone Westafrikas gelegene Republik, die

noch bis 1984 Obervolta hieß und die Anrainerstaaten Benin, Togo, Elfenbeinküste, Niger, Ghana und Mali hat, heißt Burkina Faso.

e) Stimmt nicht: Obervolta war nicht der frühere Name für das Gebiet um Burkina Faso, sondern für das Land selbst.

f) Stimmt nicht, denn Antwort d ist korrekt.

Kommentierte Lösungen: Sprachsysteme (S. 66)

A1. Lösung a. Der Artikel »der« wird in der Niftu-Sprache durch die Vorsilbe »nif« ausgedrückt: nifpoko (der Berg), nifsomsik (der Mann) etc. Das Wort nefmifti bedeutet „das Haus«. Somit heißt »nef« so viel wie „das«. Das Wort »ist« wird durch »enik« ausgedrückt und Adjektive stehen immer hinter den Nomen in der Niftu-Sprache. Wir übersetzen die Sätze und kommen zu folgendem Ergebnis:

der Berg ist hoch	= nifpoko (der Berg) tifka (hoch) enik (ist)
der Mann steigt auf die Leiter	= nifsomsik (der Mann) omki (auf) nofsaprik (die Leiter) siksik (steigt)
das Haus ist schön	= nekmifti (das Haus) agli (schön) enik (ist)
der Himmel ist blau	= nifsumnil (der Himmel) rosbil (blau) enik (ist)

Daraus folgt, dass der gesuchte Satz wortwörtlich »das Haus hoch ist« heißen muss, was nur durch »nefmifti tifka enik« wiedergegeben wird (Lösung a).

A2. Lösung c. »Der Mann schaut in den Himmel« heißt wortwörtlich auf Niftu »der Mann zu der Himmel schaut« und wird zu »nifsomnik (der Mann) akivli (zu) nifsumnil (der Himmel) gifgif (schaut)«. Hier ist es unmöglich, die Wörter akivli und gifgif zu kennen, aber da die Wörter Mann und Himmel sowie der richtige Satzbau vorgegeben sind, kann man auf die richtige Lösung schließen.

A3. Lösung d. nifpoko (der Berg) akivli (zu) nifsumnil (der Himmel) flýkvlyg (ragt). Die Wörter Berg und Himmel kommen bereits im Aufgabentext vor, und das Wort akivli ist entweder aus Aufgabe 2 bekannt oder man muss es in Aufgabe 3 richtig schlussfolgern.

B1. Lösung b. Mjúkmjù'njuljem (der Mann) askjamik (umarmt) sísìm'brishusmik (die Frau). Die Artikel »der, die, das« lauten in der Simkim-Sprache »mjúkmjù', sísìm', sbávràk'«. Verben in der dritten Person Singular haben die Endung »-ik«: baksimik = es freut sich, askjamik = er umarmt etc. Die dritte Person Plural hat die Endung »um« (sie duften = torksum). Daraus können wir das Satzbauschema »Subjekt, Prädikat, Objekt« ableiten und suchen nach den Wörtern für »der Mann«, »umarmt« und »die Frau«, welche alle drei im Aufgabentext enthalten sind.

Übersetzungen:

Die Rosen duften gut	= Sísìm'haisi (die Rosen) torksum (duften) makmak (gut)
Das Kind freut sich	= Sbávràk'habivkum (das Kind) baksimik (freut) etnok (sich)
Der Mann umarmt das Kind	= Mjúkmjù'njuljem (der Mann) askjamik (umarmt) sbávràk'habivkum (das Kind)
Die Frau arbeitet viel	= Sísìm'brishusmik (die Frau) tralimik (arbeitet) nokargfi (viel)

B2. Lösung d. Sísìm'brishusmik (die Frau) baksimik (freut) inikagu gigrish (sich über) sísìm'haisi (die Rosen). Um die korrekte Übersetzung dieses Satzes zu finden, ist es lediglich notwendig, die Wörter »die Frau«, »freut« und »die Rosen«, in der entsprechenden Reihenfolge zu finden.

B3. Lösung c. Der Mann (mjúkmjù'njuljem) arbeitet (tralimik) gut (makmak).

C1. Lösung e. testaklöxy (der Zwerg) mxyk (ist) wljhiq (breit). Versuchen Sie nicht, die Wörter der Gorpu-Sprache auszusprechen. Die Aussprache in Gorpu unterscheidet sich deutlich von der Schreibung. Dies ist jedoch für die Übersetzung nicht von Bedeutung. Man muss lediglich die Gemeinsamkeiten einzelner Begriffe finden. Wie man sieht, enden männliche Wörter immer mit »y« und weibliche mit »ö«. Ein weiterer Unterschied zum Deutschen ist, dass das Verb »sein« sich dem Artikel des Nomens anpasst: »Der Zwerg ist« heißt auf Gorpu »testaklöxy mxyk«, aber »die Blume ist« heißt »dbqewkö skdfew«.

C2. Lösung b. Wortwörtlich: Weriodsvdksö (die Lichtung) kwejrfd (in) vckwaksiwny (der Wald). Antwort a heißt »der Wald in der Lichtung« und die anderen Antworten sind völlig falsch. Um auf diese Lösung zu kommen, braucht man nur die Wörter Lichtung und Wald in der richtigen Reihenfolge zu suchen.

C3. Lösung b. »Der Wald ist die Blume« ist zwar eine unsinnige Aussage, aber richtig übersetzt: vckwaksiwny (der Wald) mxyk (ist) dbqewkö (die Blume). Mit solchen Aufgaben wird getestet, ob Sie sich von einem scheinbar falschen Ergebnis beirren lassen können.

D1. Lösung a. »Ich« heißt »tlakrion« und »er« bedeutet »nomakriok«. Die Verben werden nicht konjugiert, was im dritten und vierten Satz ersichtlich wird, da »siege« und »siegen« beides »dlamawyrf« heißt. Somit muss »wird« so viel wie »gontra« bedeuten. Die Präteritum-Formen haben jeweils die Endung »rik« und die Infinitivform endet auf »wyrf«.
D2. Lösung d. nomakriok (er) dlamarik (siegte). Dlamawyrf heißt »siegen« bzw. »siege« und mit Präteritum-Endung (»rik«) heißt es »dlamarik« (siegte).
D3. Lösung c. Nomakriok endewyrf (er kommt), tlakrion bavridewyrf (ich sehe), nomakriok dlamarik (er siegte).

E1. Lösung c. Aus den ersten beiden Übersetzungen kann man ableiten, dass in der Übersetzung von »die Frau« der Wortstamm »wute« enthalten sein muss. »Der Hund« muss irgendetwas mit »böddlit« heißen. Das wissend, erkennt man, dass das Objekt in einem Satz die Endung »en« hat und das Prädikat direkt an das Subjekt herangehängt wird. Die Lösungen d und e fallen demnach schon weg. Antwort a muss auch falsch sein, da die für das Objekt vorgesehene Endung »en« fehlt. Bleiben »wutpschie chalchaen« (b) und »wutepschie bülteen« (c). Ersteres muss auch falsch sein, da nach Betrachtung der zweiten Übersetzung klar ist, dass »chalcha« »der Mann« heißt.
E2. Lösung a. Da die objekttypische Endung »en« in den Vorschlägen d und e fehlt, fallen diese weg. Wir wissen aus der Erklärung 1, dass »der Hund« »böddlit« übersetzt wird. Es bleiben also nur die Antworten a und b übrig. Aus der vierten Übersetzung können wir aber ableiten, dass »ärgern« in der Luopi-Sprache »müsti« heißt. Demnach ist Lösung a die einzig richtige.
E3. Lösung d. Antwort e kann sofort ausgeschlossen werden, da hier zweimal das gleiche Prädikat »zippe« vorkommt. »Die Katze« wird mit »bülte« übersetzt. Aus der ersten Übersetzung erfahren wir, dass »laufen« »zippe« heißt und das Präfix »weg« mit »gag« übersetzt wird. dieses Wissen reicht uns schon aus um die restlichen Lösungsmöglichkeiten a, b und c auszuschließen; b und c wegen des falschen Verbs und a wegen des falschen Subjekts.

F1. Lösung d. Der zweiten und der vierten Übersetzung kann man entnehmen, dass »trinken« »yüoli« heißt. Somit verbleiben nur noch die Antworten c »yüolidu« und d »yüoliduil«. Da die vierte Übersetzung wie der zu übersetzende Satz im Futur steht und als einzige Zeit die Endung »il« hat, kann nur Antwort d richtig sein.

F2. Lösung c. Aus der ersten Aufgabe wissen wir schon, dass »trinken« in der Daol-Sprache »yüoli« heißt. Mit Hilfe der ersten und dritten Übersetzung können wir schlussfolgern, dass das Präteritum durch die Endung »na« gekennzeichnet wird. Somit können wir wiederum aus der ersten Übersetzung folgern, dass »ich« »da« heißt. Alles zusammengefügt heißt »Ich trank« also »yüolidana«.

F3. Lösung a. Diese Antwort können wir ohne Ausschließen der anderen Antwortmöglichkeiten lösen: Der ersten Übersetzung entnehmen wir: »yoüli« heißt »essen«. Dank der dritten Übersetzung wissen wir, dass »dü« »sie« heißt. Dies zusammengefasst und aufgrund des Präteritums um ein »na« erweitert, ergibt »yoülidüna«.

Wir erklären Ihnen hier noch einmal ausführlich die Lösungen der zugegeben recht schwierigen Wüwü-Sprache:

G1.

Zuerst stellt man fest, dass die einzige Gemeinsamkeit bei den Sätzen »Ich koche Eier« und »Ich fische gerne« die Vorsilbe »duo« ist:
Also steht »duo« für »ich«.
Dann versucht man das Verb »kochen« zu ermitteln, indem man »ich koche ...« mit »sie kochen ...« vergleicht.
Da zwei Möglichkeiten denkbar wären (»mi« oder »ri«), vergleicht man die beiden in Frage kommenden Silben mit den anderen Sätzen, in denen das Wort »Koch« vorkommt. Hier wird klar, dass die Silbe, die den Zusammenhang eines Wortes mit dem Kochen zum Ausdruck bringt, »mi« sein muss. So heißt »duomi«: Ich koche. »Pyhyari« sind dann die Eier, und man stellt fest, das Objekt kommt bei dieser Fremdsprache vor dem Subjekt. Dann wissen wir auch gleich, dass »wühllyri« die Kartoffeln sind, und da »mi« für das Kochen steht, heißt »riri« »sie«.
Jetzt versuchen wir zu verstehen, wie Fische auf Wüwü heißen. Dazu schauen wir uns den Satz »ich fische gerne« an. Da wir jetzt wissen, dass duo = ich ist und das Verb nach »duo« kommen muss, ist es ganz klar, dass »gütti« das Fischen an sich zum Ausdruck bringt. Außerdem brät der Koch den Fisch, und wie wir jetzt wissen, steht das Objekt am Anfang: Also ist der Fisch=gütto; wir wissen allerdings noch nicht, wie der Plural gebildet wird.
Dazu schauen wir uns nochmal die beiden ersten Sätze an: Hier ist mal die Rede von Kartoffeln, da von Eiern. Beide Wörter sind Plural und haben die gemeinsame Endung »ri«. So kann man davon ausgehen, daß Fische=güttri sind, zumal auch die Blumen (ghnori) die Endung »ri« aufweisen.

Nun gilt es herauszufinden, wie sich der Ausdruck »der Koch brät« zusammensetzt, denn von braten war bisher keine Rede, und auch nicht von Berufsbezeichnungen wie Koch, Fischer usw. Wo findet man noch etwas, was mit Braten zu tun hat?

Natürlich im letzten Satz, der mit der Bratpfanne. Denn hier erkennt man, dass das Braten durch »lepzi« ausgedrückt wird, da dieses Wort auch ein Teil des Wortes ist, das »der Koch brät« beschreibt. Wenn lepzi=braten ist, dann liegt es auf der Hand, dass midiölle = Koch ist. In dem Wort steckt auch mi = kochen, d. h., »diölle« drückt die Berufsbezeichnung aus.

Da wir schon wissen, dass fischen = gütti ist, können wir das Wort für Fischer endlich identifizieren: gütti(fischen)+diölle(als Berufsbezeichnung). Also ist der Fischer=güttidiölle.

Wenn der Fischer fischt, muss man das Verb noch anhängen: güttidiöllegütti. Da er Fische fischt und das Objekt zuerst kommt, heißt dann »Der Fischer fischt Fische« »güttri güttidiöllegütti« (Lösung d).

Damit ist auch gleich die Aufgabe **G2** gelöst: Objekt muss an erster Stelle (hier: wühllyri), (a) ist also falsch; ich brate = duolepzi, gerne = diqö kommt an letzter Stelle, wie bei dem Satz: Ich fische gerne (also ist Lösung d die richtige).

Bei der Aufgabe **G3** ist die Sache etwas komplizierter. »Pyhyarituogütto« ist ein zusammengesetztes Wort, man erkennt pyhyari (Eier) und gütto (Fisch). Die beiden Worte Fisch und Eier sind mit »tuo« verbunden. Das könnte bedeuten entweder Fischeier (= Eier vom Fisch), oder Fisch mit Eiern bzw. Fisch und Eier, oder aber auch »der Eierfisch«. Wir wissen ja nicht, welchen Regeln die Fremdsprache folgt.

Was wir aber machen können, ist, das Wort »pyhyarituogütto« mit den anderen zusammengesetzten Wörtern zu vergleichen, um Hinweise über die Art der Zusammensetzung zu bekommen.

Und tatsächlich stellen wir gleich fest, dass solche Wörter aus einem Vorwort (dieses drückt das Objekt aus, worum es geht), einem Bindewort »tuo« und einem Nachwort bestehen. Das Nachwort scheint auf eine bestimmte Eigenschaft des Gegenstandes, also des Vorworts hinzuweisen.

Bei »zuotuomi«, der Kochtopf, erkennen wir, dass »mi« für das Kochen steht. Dabei ist »tuo« das Verbindungswort, da es auch bei Bratpfanne und Blumentopf in der gleichen Funktion vorkommt. »Zuo« bedeutet dann offenbar Topf: wortwörtlich übersetzt ist dann »zuotuomi«: der Topf (zum) Kochen. Das Bindewort drückt also eine Beziehung zwischen Topf und kochen aus; genauso verhält es sich mit dem Blumentopf (zuotuoghnori), wobei »ghnori« die Blumen sind: Topf (für) Blumen. Weiter mit dem letzten Satz: »kkao« muss also für Pfanne stehen, »lepzi« steht ja für braten. »Kkaotuolepzi« heißt dann Pfanne (zum) Braten.

Zurück zu unserem »pyhyarituogütto« stellen wir fest: Fisch und/mit Eiern scheidet als Möglichkeit aus, da uns die anderen Beispiele gezeigt haben, dass »tuo« auf eine Eigenschaft (das Nachwort) des Objekts (Vorwort) hinweist und nicht auf das Zusammentreffen von verschiedenen Gegenständen. »Pyhyarituogütto« bedeutet dann hier: Eier (vom) Fisch, auf gut Deutsch: Fischeier. Damit sind die Lösungen b und e falsch.

Nun, was ist denn eigentlich mit den Fischeiern los? Werden sie gekocht, gebraten, gegessen oder was auch immer ...? Na ja, gekocht werden sie natürlich nicht, denn das Verb wird dem Subjekt nachgestellt und heißt hier: lepzi, also braten (Lösung a falsch).

Nun bleibt nur noch offen, wer die Fischeier brät. Dieses ist aber jetzt ganz leicht, denn wir wissen bereits, daß riri = sie bedeutet. Das führt zu der Schlussfolgerung: ririlepzi = sie braten (also Lösung d). Das Ganze geht, wie man sieht, auch ohne sich Gedanken über die komplizierte Wortkonstruktion von »Eiermann« machen zu müssen.

Selbstverständlich sind auch unterschiedliche Lösungswege denkbar, die Lösung bleibt natürlich immer gleich.

Aufgabe **G4**: Es ist fast ein Scherz, so eine Frage zu stellen, aber die Lösung gibt es tatsächlich: prödeyotuoghnorituopyhyari pyhyaridiöllemi. Schön, nicht wahr?

Die Regeln, nach denen sich der Satz bildet, sind bereits in der Erläuterung der anderen Aufgaben enthalten.

In diesem Sinne grüßen wir Sie mit einem fröhlichen sella enier ehcasnevren!

Kommentierte Lösungen: Dichtung und Wahrheit (S. 74)

1. Lösungen:
   a) Stimmt. Es ist anzunehmen, dass Hildemar die Ringelnatter kennt, denn durch das Wort »wieder« erfahren wir, dass Hildemar dort nicht zum ersten Mal ist.
   b) Stimmt nicht. Auch wenn Hildemar schon mehr als einmal bei der Ringelnatter war, ist noch nicht gesagt, dass er Schlangen mag. Ebenso wenig geht aus der Aufgabe hervor, dass die Ringelnatter überhaupt eine Schlange ist.
   c) Stimmt nicht. Diese Aussage ist falsch, denn wir erfahren in der Aufgabe, dass die Ringelnatter lustig auf der Klapper rattert. Aber nicht ob es sich um eine Schlange handelt.

d) Stimmt nicht. Da es hier ums logische Schlussfolgern geht, können wir nur schlussfolgern, was wir aus dem Text erfahren. Und aus dem Text geht nicht hervor, dass Ringelnattern niemals rosarot sind. Im Gegenteil, es kommt sogar eine rosarote darin vor.
e) Stimmt nicht. Aus den obigen Aussagen können wir leider nicht auf die musikalische Begabung der Natter und Hildemars schließen, somit ist die Aussage falsch.
f) Stimmt. Diese Aussage ist richtig, da es theoretisch sein kann, dass die Ringelnatter auf der Klapper neben rattern auch kringeln kann.
g) Stimmt nicht. Diese Aussage erscheint zwar logisch, da Hildemar mehrmals bei der Natter war. Sie ist aber leider nicht zulässig, weil Hildemars Ortskenntnisse nicht in der Aufgabe ausgeführt sind. Hildemar kann sich theoretisch ständig nach dem Weg erkundigt haben oder mit verbundenen Augen hingeführt worden sein.

2. Lösungen:
a) Stimmt nicht. Man muss Holz und Zangen haben – nicht hassen.
b) Stimmt. Mit Hektik und Gezucke allein kann man noch keine Mucken fangen. Denn dazu braucht man zusätzlich noch Holz und Zangen.
c) Stimmt nicht. Mit Hektik, Gezucke, Holz und Zangen kann man Mucken fangen.
d) Stimmt. Hektik, Gezucke, Holz und Zangen sind mehr als drei Dinge.
e) Stimmt nicht. Wer diese Dinge hat, kann viele Mucken fangen. Das heißt noch nicht, dass er/sie auch welche fängt.
f) Stimmt. Man kann mit diesen Dingen zwar Mucken fangen, doch der Erfolg ist nicht garantiert.

3. Lösungen:
a) Stimmt nicht. Wir wissen lediglich, dass Eis in der Ruhe taut. Ob es in der Ruhe am besten taut, ist nicht gesagt.
b) Stimmt. »In der Ruhe taut das Eis« heißt auch, dass Eis tauen kann. Somit kann es sich bei etwas Tauendem um Eis handeln.
c) Stimmt nicht. Wenn fröhliches Eis gegen Halsbeschwerden hilft, heißt das noch nicht, dass trauriges Eis nicht gegen Halsbeschwerden hilft.

d) Stimmt nicht. Vielleicht hat Opa Wilhelm diese »Weisheit« lediglich irgendwo aufgeschnappt und weiß in Wirklichkeit gar nichts von Naturheilverfahren.
e) Stimmt. Aus dem Text geht hervor, dass Eis in der Ruhe taut. Somit muss für Ruhe gesorgt werden, um Eis tauen zu lassen.
f) Stimmt nicht. Das hört sich zwar einigermaßen plausibel an, ist aber keine richtige Schlussfolgerung, da nicht gesagt ist, dass Eis durch Aufheitern fröhlich wird. Vielleicht muss man Eis auch Horrorfilme zeigen, damit es fröhlich wird. Wir wissen es nicht.

Absurde Realitäten & reale Absurditäten (S. 75)

4. Lösungen:
   a) Stimmt nicht. Diese Aussage können wir den Informationen im Text nicht entnehmen. Somit müssen wir Zusatzvermutungen anstellen, was laut Aufgabenstellung unzulässig ist.
   b) Stimmt. Wenn es donnerstags immer so warm ist wie im Sommer, dann ist es an einem Donnerstag im Winter so warm wie an einem Mittwoch im Sommer.
   c) Stimmt. Wenn es am Wochenende immer so warm ist wie im Sommer, dann ist es auch an einem Herbstwochenende so warm wie im Sommer.
   d) Stimmt nicht. Wenn es morgen kalt wird und nachts immer kalt ist, dann wird es deswegen morgen Nacht nicht besonders kalt.
   e) Stimmt. Wenn es donnerstags immer gleich kalt ist, dann war es auch Donnerstag vor 12 Jahren, 8 Monaten und 2 Tagen so kalt wie heute.
   f) Stimmt nicht. Es kann auch Donnerstag oder Sonntag sein, denn an diesen Tagen ist es immer gleich kalt.
   g) Stimmt nicht. Es ist zwar beides unlogisch, jedoch bedingt das eine nicht zwangsläufig das andere.

5. Lösungen:
   a) Stimmt. Hier ist ein Baumdiagramm dringend empfehlenswert, denn um diese Vielzahl von Daten im Kopf in eine logische Reihenfolge zu bringen, brauchen Sie entweder ganz viel Zeit (die Sie nicht haben werden) oder Sie sind ein Genie (dann brauchen Sie hier nicht weiterlesen). Technische Fragen klären Sie über die 3, im nächsten Menü wählen Sie die 5 für Upgrade-Fragen.

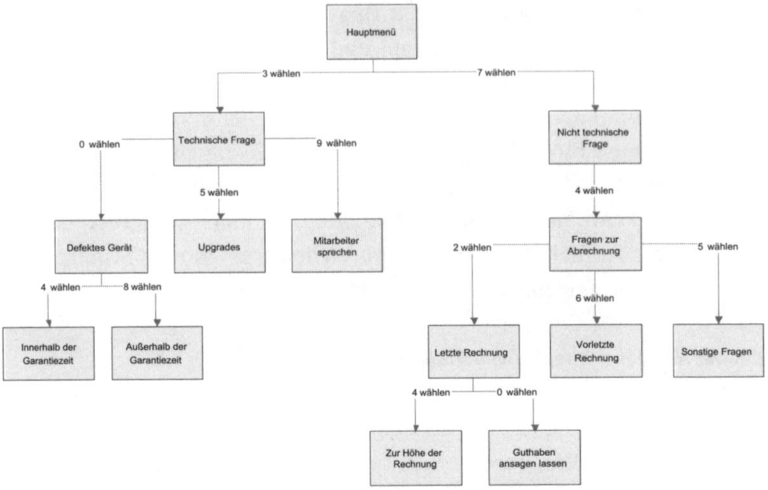

b) Stimmt nicht. Während der Garantiezeit wählen Sie statt der 8 die 4, denn mit der 8 melden Sie einen Defekt außerhalb der Garantiezeit.
c) Stimmt. Nicht-technische Fragen klären Sie über die 7, im nächsten Menü wählen Sie die 4 für Abrechnungsfragen und im folgenden Menü die 6 für Fragen zur vorletzten Rechnung.
d) Stimmt nicht. Man kann sich in dem Menü nur die Höhe der letzten Rechnung ansagen lassen, nicht die Höhe der vorletzten Rechnung.
e) Stimmt. Die Auswahl, eine Mitarbeiterin oder einen Mitarbeiter zu sprechen treffen sie im Menü für technische Fragen, das sie über die 3 gewählt haben, und dort wählen sie dann die 9.
f) Stimmt nicht. Eine sonstige Frage zur Abrechnung klären Sie nicht über die 7 – 4 – 4, sondern über die 7 – 4 – 5, denn die 7 – 4 – 4 gibt es gar nicht. Zur 7 – 4 – 5 gelangen Sie über das nichttechnische Menü (7), dort wählen sie Abrechnung (4) und dann sonstige Fragen (5).

6. Lösungen:
a) Stimmt, Herr Hempel kennt sich aus. Die durchschnittliche Abflugzeit für Flüge nach Westen liegt 2 Stunden vor Plan. Diese wird jedoch von West Wings um 4 Stunden überschritten. Macht 2 Stunden Wartezeit für Herrn Hempel.
b) Stimmt. Frau Plaffke ärgert sich zu recht, denn obwohl East Ex-

press die durchschnittliche Verspätung von Flügen nach Osten um 2 Stunden unterschreitet, beträgt die Wartezeit immer noch 4 Stunden.

c) Stimmt nicht. East Express Verspätung liegt 4 Stunden über der durchschnittlichen Verspätung für Flüge nach Osten. Diese beträgt 6 Stunden. Somit muss Herr Hotzenplotz 10 Stunden warten.
d) Stimmt nicht. Southern Wings liegt nicht über der Durchschnittsverspätung für Flüge nach Süden. Diese liegt jedoch bei 4 Stunden über der planmäßigen Abflugzeit.
e) Stimmt. Fly South liegt eine Stunde über der Standardverspätung für Flüge nach Süden und diese beträgt schon 4 Stunden. Somit hat Fly South 5 Stunden Verspätung.
f) Stimmt. Flüge nach Westen sind zwei Stunden vor Plan angesetzt. Best West unterschreitet diese Zeit noch um eine Stunde und ist somit 3 Stunden zu früh dran.

Kommentierte Lösungen: Meinung oder Tatsache (S. 77)

1. Lösung a. Dass Eisen schwerer ist als Wasser, kann man in jedem Schulbuch nachlesen. Es hat nämlich als Metall eine höhere Dichte als Wasser.
2. Lösung b. Auch wenn die meisten das als Tatsache ansehen, so gibt es doch einige, die von Geld allein glücklich zu werden scheinen.
3. Lösung b. Es ist möglich, Geld zu essen, auch wenn davon aus gesundheitlichen Gründen abzuraten ist. Jedoch kann man sich nicht von Geld ernähren. Trotzdem bleibt es bei einer Meinung.
4. Lösung a. Bei Fleisch und Fisch handelt es sich um Lebensmittel und bei Geld um ein Zahlungsmittel. Lebensmittel sind im Allgemeinen verdaulicher als Zahlungsmittel.
5. Lösung b. Es handelt sich hierbei um eine negativere Variante des Spruches »niemand ist perfekt«. Dass der Mensch im Laufe seines Lebens Irrtümern erliegt, ist eine Tatsache. Dass sein ganzes Leben jedoch aus Irrtümern und Fehlern besteht (»irrt solang er strebt«), ist eine Meinung.
6. Lösung b. Hierbei handelt es sich um eine Meinung, da weder die Existenz Gottes noch die Gleichheit aller Menschen vor Gott eindeutig bewiesen sind.
7. Lösung a. Unser Justizsystem sieht vor, dass vor Gericht alle Menschen gleich sind. Seltene Ausnahmen werden hierbei nicht berücksichtigt, um sich nicht in Spitzfindigkeiten zu verlieren.

8. Lösung a. Pinguine leben in der Antarktis ist eine Tatsache. »Pinguine leben in der Arktis« wäre eine (falsche) Meinung.
9. Lösung a. Vögel können sogar fast immer fliegen. Dann können sie erst recht manchmal fliegen.
10. Lösung a. Hätte Eis keine Temperatur unter dem Gefrierpunkt, wäre es kein Eis, sondern Schmelzwasser.
11. Lösung b. Nicht Schokolade an sich macht dick, sondern mehr davon zu essen, als der Körper verbrennen kann.
12. Lösung a. Schweine gehören zur Gattung der Säugetiere.
13. Lösung a. Es gibt überall (zumindest in sehr kleinen Dosen) radioaktive Strahlung.
14. Lösung b. Es gibt sehr gefährliche sowie gelenkschädigende Sportarten, die sich besonders für Ältere, Untrainierte und Vorgeschädigte nicht eignen. Somit ist nicht jeder Sport generell empfehlenswert.
15. Lösung b. Es ist nicht erwiesen, dass Scherben Glück bringen.
16. Lösung a. Aus vielen Statistiken geht tatsächlich hervor, dass die Scheidungshäufigkeit im 7. Ehejahr im Gegensatz zu den Vorjahren überproportional ansteigt.
17. Lösung a. Männer haben eine größere Gehirnmasse als Frauen. Aber Größe sagt ja noch nichts über Inhalt aus.
18. Lösung b. Auch wenn eine durchschnittliche Frau einfühlsamer wäre als ein durchschnittlicher Mann, so könnte man trotzdem nicht allgemeingültig behaupten, dass alle Frauen einfühlsamer sind als Männer.
19. Lösung b. Auch hierbei handelt es sich um eine Meinung, denn nicht alle Männer sind bessere Autofahrer als Frauen.
20. Lösung b. Auch hierbei handelt es sich um eine Meinung, denn für diese Theorie gibt es keine stichfesten Beweise.
21. Lösung b. Diese Aussage geht eindeutig in die Richtung Meinung/Aberglaube.
22. Lösung a. Aus einem Ei schlüpft ein Küken, das zur Henne wird. Somit kann es ohne Ei keine Henne geben.
23. Lösung b. Hierbei handelt es sich um eine der ältesten Fragen der Philosophie, die bis heute nicht eindeutig geklärt ist und wahrscheinlich niemals geklärt werden kann. Somit vertritt jede Seite ihre eigene Meinung. Eine andere Meinung wird mit der Aussage »zuerst war die Henne da, dann das Ei« vertreten.
24. Lösung a. Das ist eine ganz allgemeine Aussage, die trotzdem wahr

ist, vieles ist anders, manches ist besser, anderes ist schlechter. Diese Aussagen sind wenig greifbar und vor allem wenig angreifbar und sind somit Tatsachen.

25. Lösung b. Was wie eine Tatsache klingt, ist nicht jedermanns Ansicht und auch wissenschaftlich nicht eindeutig bewiesen.
26. Lösung b. Auch bei diesem Sprichwort handelt es sich um eine Meinung. Es gibt Tage, die so vorhersehbar verlaufen, dass man sie auch vor dem Abend loben kann, insofern ist die Allgemeingültigkeit des Sprichworts widerlegt.
27. Lösung a. Wer viel liest, sieht automatisch auch viele Grundbausteine unserer Sprache, nämlich Wörter.
28. Lösung b. Bei diesem Sprichwort handelt es sich um eine Meinung, da nicht jeder ordentliche Mensch zu faul ist zum Suchen ist. Manche Menschen sind auch zwanghaft ordentlich, und wiederum andere sind sowohl zu faul zum Suchen als auch zu faul zum Aufräumen.
29. Lösung b. Manche Menschen meinen, dass Wasser für Erosion verantwortlich ist. In Wirklichkeit ist jedoch der Wind für Erosion und das Wasser für Korrosion verantwortlich.
30. Lösung a. Ohne Sonne würde bei uns eisige Kälte und Dunkelheit herrschen. Zum Leben benötigen wir aber Wärme und Licht. Somit ist die Sonne überlebensnotwendig für das Leben auf der Erde.

Kommentierte Lösungen: Flussdiagramme (S. 81)

1. Getränkeautomat

1.1. Lösung c.

1.2. Lösung b, da es sich um einen Getränkeautomaten handelt und Essen somit nicht zur Auswahl steht. Da Saft bereits vergeben ist, muss die richtige Antwort Limonade lauten.

1.3. Lösung c.

2. Snackbar

2.1. Lösung e.

2.2. Lösung d.

2.3. Lösung b.

3. Telefonat

3.1. Lösung d.

3.2. Lösung e, da der Text »nein« heißen muss.

3.3. Lösung a. Wenn niemand da ist, muss gewartet werden, ehe die Nummer erneut gewählt wird. Ob vielleicht doch jemand da ist, ist unerheblich, da schließlich niemand abhebt. Antwort e ist falsch, da Antwort a zwar richtig, jedoch Antwort d falsch ist, da im Diagramm dann zwei identische Schritte aufeinander folgen würden.

4. Lagerhallen

4.1. In den ovalen Baustein 1 muss eine Abfrage kommen, die Porzellanteile nochmals in zwei Gruppen trennt. Wird die Abfrage mit ja beantwortet, kommt das Teil in Lager A, wird sie mit nein beantwortet, kommt das Teil in Lager B. Folglich muss abgefragt werden, ob es sich um ein bestimmtes Porzellanteil handelt. Aus der Aufgabenstellung wird ersichtlich, dass es sich bei dem Wort nur um »Geschirr« handeln kann, da Geschirr in Lager A gelagert wird und wenn die Abfrage »Geschirr?« mit ja beantwortet wird, dann wird das Teil in Lager A einsortiert (Lösung d).

4.2. In den ovalen Baustein 2 muss eine Abfrage, die ein Teil in Lager A einordnet, wenn sie bejaht wird. Da in Lager A nur zwei Dinge lagern (Porzellangeschirr und Gläser) und das Porzellangeschirr bereits durch die 1. Aufgabe einsortiert wurde, kann die Abfrage nur »Gläser?« lauten (Lösung a).

4.3. Im ovalen Baustein 3 wird die Eigenschaft eines Gegenstandes geprüft, bei dem es sich nicht um Porzellan oder Steingut handelt und bei dem es sich ebenfalls nicht um Gläser handelt. Aus der Lagereinteilung im Aufgabentext wird ersichtlich, dass es sich somit um eine Flasche handeln muss. Der gesuchte Text lautet somit »Stück ist eine Flasche«. (Lösung b).

5. Kurierdienst

5.1. In den ersten ovalen Baustein muss die Abfrage »Express-Sendung?« (Lösung e), da man hier hingelangt, wenn man ein Päckchen bis drei Kilo zu versenden hat und nach der Gewichtsangabe immer die Frage nach der Zustellungsart kommt. Anschließend folgt die Tarifeinteilung.

5.2. In den zweiten ovalen Baustein muss »Tarif D« (Lösung d), da man zu dieser Stelle gelangt, wenn es sich bei einer Postsache weder um einen Brief noch um ein Päckchen bis 3kg handelt; somit muss es ein Paket sein. Da dieses noch als Express-Sendung verschickt werden soll, wird laut Tarifübersicht Tarif D veranschlagt.

5.3. Zum ovalen Baustein 3 gelangt man, wenn man eine Bestellung erfolgreich aufgeben konnte und der entsprechende Tarif berechnet wurde. Der einzig brauchbare Satz hierfür lautet »Tarif ist berechnet« (Lösung b).

6. Geschirrfabrik

6.1. In den ovalen Baustein 1 kommt Antwort c »Stück wird weggeschmissen«. Wenn ein Stück nach dem ersten oder zweiten Brennvorgang kaputt gegangen ist, wird es weder gelagert, noch verkauft oder bemalt.

6.2. Wenn ein Stück nicht kaputt und nicht beschädigt ist gehört es zur A-Produktion (kann man am Diagramm ablesen). Aus dem Aufgabentext wird ersichtlich, dass Stücke, die zur A-Produktion gehören, vor dem zweiten Brennvorgang bemalt werden. Somit muss in den ovalen Baustein 2 Antwort e erscheinen, »Stück wird bemalt«.

6.3. Auf dem gesuchten Feld landen Stücke, die doppelt gebrannt sind und entweder zur A-Produktion oder zur B-Produktion gehören. Wenn ein Stück die gesuchte Abfrage mit »ja« beantwortet, kommt es automatisch in Lager 2, wird also als B-Ware eingestuft, egal ob es vorher A- oder B-Ware war. Es muss sich also um die Frage nach dem Vorhandensein eines Produktionsfehlers handeln. Hierfür kommt nur Antwort d in Frage: »Lasur leicht beschädigt?«.

7. Partnervermittlung

7.1. Zu dem gesuchten Feld kommen alle Kunden, die nicht männlich, somit also weiblich sind. Da den weiblichen Kunden nur *ein* Mann vermittelt werden kann, muss eine Eigenschaft des Mannes abgefragt werden, quasi ein Ausschlusskriterium. Da die nachfolgenden Abfragen die Fragen zu Alter und Schüchternheit klären, fehlt lediglich eine Frage zur Größe von Herrn V. In den ovalen Baustein 1 muss somit Antwort d: »Darf er 1,68 m groß sein?«.

7.2. Auf diesem Feld landet ein männlicher Kunde, der nichts dagegen hat, wenn Frauen mollig sind, und der anschließend gefragt wird, ob die Frau seines Herzens rothaarig oder brünett sein darf, und beide Fragen bejaht (lässt sich aus Diagramm ablesen). Somit kommen sowohl Frau S. als auch Frau K. in Frage, und die Antwort lautet dementsprechend b: »Agentur vermittelt die Telefonnummer von Frau S und Frau K«.

7.3. Zu diesem Feld gelangt ein männlicher Kunde, der, wenn er die Frage bejaht, gefragt wird, ob seine zukünftige Partnerin mollig sein darf. Somit wissen wir, dass die Frage etwas mit Frau K. zu tun haben muss. Die einzige Frage unter den Antwortmöglichkeiten, die etwas mit Frau K. zu tun hat, ist Antwort a: »Darf das Alter bis 44 sein?«.

Lösungen zahlengebundene Logik

Schätzaufgaben (S. 98)

Es lassen sich 2 bis 3 (wenn Sie Glück haben auch schon 4) Lösungen ausschließen. Die anderen falschen Antworten lassen sich meist durch geschicktes Runden ausschließen.

1. a; **2.** d; **3.** b; **4.** b; **5.** b; **6.** d; **7.** d; **8.** c; **9.** c; **10.** c; **11.** d; **12.** c

Zahlenreihen (S. 100)

Sie sollten bei schwierigeren Reihen die Differenzen zwischen zwei Gliedern bilden (und evtl. aufschreiben; dies ist gerade in extremen Stresssituationen hilfreich, da Sie weniger Flüchtigkeitsfehler machen). Größere Differenzen entstehen meist durch Division. Es sind auch Beziehungen zwischen der 1. und 3. Zahl und der 2. und 4. Zahl (usw.) möglich. Denken Sie daran, dass auch die der Bildungsstruktur zugrunde liegenden Summanden (Faktoren) wieder durch eine andere Struktur gebildet worden sein können (+ 1 + 2 + 3 + 4 + 5 + 6 ...: Diese Summanden folgen der Struktur »+ 1 + 1 + 1 ...«). Es können auch Operationen wie das Bilden der Quersumme als Regel auftreten.

A.	**1.**	24	(+ 1, + 1, + 2, + 2, + 3 ...)
	2.	39	(+ 8, + 7, + 6, + 5 ...)
	3.	31	(+ 1, + 2, + 3, + 4 ...)
	4.	18	(+ 2, − 1, + 2, − 1, + 2 ...)
	5.	26	(· 2, − 5, · 2, − 5, · 2 ...)
	6.	25	(+ 7, − 1, + 6, − 2, + 5, − 3, + 4 ...)
	7.	720	(· 1, · 2, · 3, · 4 ...)
	8.	39	(+ 4, + 4, + 5, + 5, + 6, + 6, + 7 ...)

B.	**1.**	13	(+ 1, + 2, − 3, + 4, + 5, − 6, + 7...)
	2.	60	(· 1, − 1, · 2, − 2, · 3, − 3, · 4 ...)
	3.	46	(− 10, · 3, − 8, · 4, − 6, · 5, − 4 ...)
	4.	50	(+ 1, − 2, + 1, − 3, + 1, − 4, + 1 ...)
	5.	40	(· 2, : 5, · 3, : 4, · 4, : 3, · 5 ...)
	6.	4	(− 8, − 7, + 6, − 5, − 4, + 3, − 2 ...)
	7.	24	(+ 2, − 3, + 3, − 3, + 4, − 3, + 5 ...)
	8.	26	(+ 8, − 7, · 2, + 8, − 7, · 2 ...)
	9.	5	(· 2, + 2, : 2, − 2 ...)

	10.	18	(· 3, – 3, · 2, – 2 ...)
	11.	$^{1}/_{32}$	(: 2, : 2, : 2 ...)
	12.	30	(+ 5, – 6, + 6, – 6, + 7, – 6, + 8 ...)
	13.	67	(– 9, · 4, – 9, · 4 ...)
	14.	38	(– 8, · 2, – 6, · 2, – 4, · 2, – 2 ...)
	15.	12	(+ 11 : 2, + 11 : 2, + 11 : 2 ...)
	16.	93	(+ 3, + 6, + 9, + 12, + 15, + 18 ...)
	17.	0	(– 1, – 2, – 3, – 1, – 2, – 3 ...)
	18.	24	(+ 3, + 4, + 4, + 2, + 4, + 4, + 1 ...)
	19.	45	(+ 3, – 2, + 6, – 2, + 12, – 2, + 24 ...)
	20.	– 3	(– 7, : 5, – 6, : 4, – 5, : 3, – 4 ...)
C.	1.	21.	(Fibonacci-Folge: Die ersten beiden Glieder sind 1. Ab dem dritten Glied ergibt sich jede Zahl aus der Summe der beiden vorigen.)
	2.	257	(+ 2, + 4, + 8, + 16, + 32, + 64, + 128 ...)
	3.	13	(+ 1, : 2, + 2, : 3, + 1, : 2, + 2 ...)
	4.	$^{1}/_{6}$	(: 2, : 2, : 3, : 2, : 2, : 3 ...)
	5.	29	(+ 2, – 3, · 4, + 5, – 6, · 7, + 8 ...)
	6.	– 18	(· 3, : 4, – 5, · 6, : 7, – 8, ...)
	7.	21	(+ 5, + 4, : 3, + 5, + 4, : 3 ...)
	8.	186	(· 3, · 3, – 10, · 3, · 3, – 10 ...)
	9.	0	(– 3, : 2, · 3, – 3, : 2, · 3 ...)
	10.	24	(· 3, + 1, : 2, · 3, + 1, : 2 ...)
	11.	– 1	(+ 1, : 2, – 4, + 1, : 2, – 4 ...)
	12.	20	(+ 7, – 2, · 1, + 6, – 3, · 1, + 5 ...)
	13.	49	(+ 2, · 2, – 1, – 2, · 2, + 1, + 2, · 2, - 1, - 2 ...)
	14.	24	(– 2, · 2, + 2, : 2, – 2, · 2, + 2, : 2 ...)
	15.	12	(– 10, – 2, – 8, + 10, + 2, + 8 ...)
	16.	5	(: 3, – 7, · 5, : 3, – 7, · 5 ...)
	17.	67	(– 9, · 4, – 9, · 4 ...)
	18.	2	(: 2, + 5, : 3, + 5, : 4 ...)
	19.	83	(– 1, · 1, – 2, · 2, – 3, · 3 ...)
	20.	$^{91}/_{2}$	(: 4, · 3, + 2, – 1, : 4, · 3, + 2 ...)
D.	1.	44	(+ 1, + 1, + 2, + 3, + 5, + 8, + 13 Die Summanden sind Glieder der Fibonacci-Folge, siehe C1.)
	2.	892	(+ 2, · 2, + 2, · 2, + 2, · 2 ...)
	3.	7	(+ 2, – 15, + 4, – 12, + 6, – 9, + 8 ...)

4.	13	(– 49, – 42, – 35, – 28, – 21 ...)
5.	851	(· 3, – 1, · 3, – 1, · 3, – 1 ...)
6.	2	(– 2 : 3, – 2 : 3, – 2 : 3 ...)
7.	171	(: 2, – 6, · 3, : 2, – 6, · 3 ...)
8.	11	(– 2, + 3, – 4, + 5, – 6, + 7 ...)
9.	137	(· 2 – 1, · 2 – 2, · 2 – 3, · 2 – 4 ...)
10.	576	(· 4, · 3, · 2, · 1, · 2, · 3, · 4 symmetrische Bildungsvorschrift)
11.	640	(· 3 – 3, · 2 – 2, · 1 – 1, · (– 1) – (– 1) ...)
12.	72	(+ 22, + 10, + 12 – 2 + 14 – 16 + 30 ... Der nächste Summand ergibt sich aus der Differenz der vorigen beiden.)
13.	39, 12	(2. Zahl = Quersumme der 1. Zahl; 3. Zahl = 1. Zahl – 20; 4. Zahl = Quersumme der 3. Zahl; 5. Zahl = 3. Zahl – 20, usw.)
14.	256	(1. und 2. Zahl fest, danach: Zahl ergibt sich aus dem Produkt ihrer beiden Vorgänger)
15.	13	(: 5 + 1, : 4 + 2, : 3 + 3, : 2 + 4, : 1 + 5 ...)

Zahlenmatrizen (S. 104)

Da Zahlenmatrizen mehr oder weniger zweidimensionale Zahlenreihen sind, gelten hier die gleichen Tipps wie bei den Zahlenreihen. Und zur Beruhigung: Im Allgemeinen sind die Bildungsvorschriften einfacher als bei den Zahlenreihen.

		waagerecht	senkrecht
1.	48	· 2	· 2
2.	64	· 2	· 8
3.	57, 71	– 7	+ 7
4.	$\frac{1}{2}$, $\frac{1}{16}$	: 8	: 4
5.	$\frac{5}{4}$, 25	»1.« · »2.«=»3.« (senkrecht und waagerecht)	
6.	5	In jeder Zeile/Spalte je einmal 5, 6, 11.	
7.	8, 6	In »Schneckenform« 1, 2, 3, 4, 5, 6, 7, 8, 9	
8.	$\frac{25}{9}$	: 2, : 3	: 3, : 2
9.	7	– 7, + 16	+ 7, – 16
10.	14	· 6, : 3	· 6, : 3
11.	$\frac{1}{9}$	: 3, : 6	: 3, : 6
12.	4, 500	: 5	· 5
13.	48	· 4, : 2	· 4, : 2
14.	40, 24	· 2, · 3	· 4, : 5

15.	2	Symmetrische Matrix mit Zweien in den Ecken.	
16.	21	+ 17, − 11	+ 2, − 3
17.	84	· 2, · 3	· 7, · 6
18.	36	+ 19, − 3	+ 7, − 6
19.	120, 30	· 2, : 3	· 3, : 2
20.	11 ½, 5 ¾	· 2	: 4

Zahlenmatrizen 2 (S.106)

1.	2	22	42	2.	5	7	3
	22	42	62		7	9	5
	42	62	82		3	5	1
3.	6	12	24	4.	1	18	50
	12	24	48		18	35	67
	24	48	96		50	67	99
5.	35	17	8	oder	53	26	8
	62	44	26		71	44	17
	80	71	53		80	62	35
bzw.	26	17	8	oder	62	35	8
	53	44	35		71	44	17
	80	71	62		80	53	26
6.	7	4	1				
	8	5	2				
	9	6	3				

zu 1. Die größte Zahl muss rechts unten stehen und sie muss um 80 größer sein als die kleinste Zahl (die oben links steht). Die letzte Zahl, die kleiner als 100 ist, eine 2 als Ziffer enthält und durch 2, aber nicht durch 4 teilbar ist, ist 82 (92 ist durch 4 teilbar!). Demnach steht unten links 82. Da das Addieren von 20 zu einer Zahl, die nicht durch 4 teilbar ist, nichts an der (Nicht-) Teilbarkeit durch 4 ändert, ergeben sich die restlichen Zahlen unter Anwendung der Regel a.

zu 2. Die größte Zahl steht in der Mitte. Da zweimal mit 4 subtrahiert wird, muss die kleinste Zahl um 8 kleiner sein als die größte Zahl. Somit kommt nur 9 als Zahl in der Mitte der Matrix in Frage. Der Rest ergibt sich.

zu 3. Die größte Zahl steht rechts unten, sie ist (aufgrund von Regel a) das 16-fache der kleinsten Zahl. Damit kann die kleinste Zahl (unter Beachtung der Regel b) nur 6 sein. Der Rest ergibt sich.

zu 4. Die größte Zahl steht rechts unten. Sie ist um 98 größer als die kleinste, die oben links steht. Somit kann unten rechts nur 98 stehen.

zu 5. Die einzig möglichen Zahlen (mit Quersumme 8) sind schnell gefunden. Die größte Zahl (80) muss unten links stehen, die kleinste Zahl (8) oben rechts. Nun können sie schrittweise von der kleinsten (oder von der größten Zahl) die nächst größere (nächst kleinere) Zahl links (bzw. rechts) anordnen. Schräg rechts darunter ordnen sie dann die nächst größere (bzw. nächst kleinere) Zahl an. Dieses Verfahren führen Sie auf alle Zahlen aus und Sie erhalten Lösung 1. Lösung 2 hätten Sie erhalten, wenn Sie zunächst die zweitkleinste (zweitgrößte) Zahl nicht links (rechts) von der kleinsten (größten) Zahl angeordnet hätten, sondern darunter (darüber).
Auf die beiden unteren Lösungen könnten Sie mit der folgenden Überlegung kommen:
Die Zahlen werden nach links größer. Somit zählen Sie die entsprechenden Zahlen zeilenweise (von rechts oben beginnend) nach links hoch. Analoges gilt für spaltenweises Zählen von links nach rechts (für die vierte mögliche Lösung).

zu 6. Die größte Zahl steht links unten. Demnach steht die kleinste Zahl oben rechts. sie muss aufgrund der Regeln b und c um 8 kleiner sein als die größte Zahl. Demnach muss unten links die 9 stehen. Der Rest ergibt sich.

Buchstabenreihen (S.108)

Wieder sollten Sie den Tipp, der bei den Beispielen gegeben wurde, beherzigen: Sie sparen Zeit und meist sehen die Reihen dadurch viel einfacher aus.

1.	b	(+ 2, − 1, + 2, − 1 ...)
2.	a	(+ 1, + 2, + 3, + 4, + 5, + 6 ...)
3.	c	(+ 0, − 2, + 0, + 4, + 0, − 2, + 0, + 4 ...)
4.	c	(− 3, − 3, − 3, − 3, − 3 ...)
5.	a	(+ 4, + 3, + 2, + 1, + 0, − 1, − 2, − 3, − 4, − 5 ...)
6.	b	(Die hinter den Buchstaben stehenden Zahlen sind zweimal hintereinander die ersten acht Glieder der Fibonacci-Folge (siehe Zahlenreihen C1, S. 232)

7. b (Von a anfangend wird jeweils der Nachfolger einmal mehr wiederholt.)
8. b (– 1, + 2, – 3, + 4, – 5, + 6 ...)
9. b (das Alphabet wird abwechselnd vorwärts und rückwärts aufgezählt (a – z – b – y – c – x – etc.)
10. b (Das Alphabet wird von a an aufgezählt, unterbrochen jeweils von 2 d.)
11. a (Das Alphabet wird in Zweierschritten ab d aufgezählt, unterbrochen von a, b, c, – jeweils einzeln, aber in dieser Reihenfolge.)
12. a (1., 3., 5., 7. ... Glied folgt der Regel »+ 3 + 3 ...«, 2., 4., 6., 8. ... Glied folgt der Regel »– 4 – 4 ...«)
13. b (+ 2, – 3, + 4, – 5, + 2, – 3, + 4, – 5 ...)
14. a (– 1, – 1, + 2, + 2, – 1, – 1, + 2, + 2 ...)
15. c (+ 1, + 2, + 3, + 2, + 3, + 4, + 3, + 4, + 5 ...)
16. a (+ 1, + 1, + 1, – 2, + 1, + 1, + 1, – 2 ...)
17. a (+ 2, + 3, – 4, + 5, + 6, – 7, + 2, + 3, – 4, + 5, + 6, – 7 ...)
18. c (+ 1, + 2, + 3, + 1, + 2, + 3 ...)
19. a (auf »a b c« folgen zwei beliebige Buchstaben, dann wieder »a b c« usw.)
20. b (Streichen Sie alle a und z, dann wird das Alphabet ab m aufgezählt.)

Buchstabengruppen (S. 111)

Beherzigen Sie den Tipp nach der Aufgabenbeschreibung! Sie sparen wirklich enorm Zeit.

A. 1. b; 2. d; 3. e; 4. c; 5. a; 6. b 7. a; 8. e; 9. d; 10. d; 11. c; 12. c

B. 1. b; 2. a; 3. c; 4. d; 5. d; 6. b; 7. e; 8. b; 9. b; 10. a; 11. d; 12. c; 13. c; 14. c; 15. a; 16. d;

Figurenreihen fortsetzen (S. 113)

1. b. Hier wird in das n-Eck ein (n-1)-Eck gesetzt und dann die »überstehende« Ecke weg geschnitten.
2. d. Alle Figuren werden pro Schritt eine »Zeile« nach unten verschoben. Zusätzlich rutschen der weiße Kreis und das weiße Quadrat jeweils nach links, der schwarze Kreis nach rechts.
3. b. Hier werden erst die Radien der Figur weggenommen und dann

immer entgegengesetzt dem Uhrzeigersinn ein »Kreisviertel«. Danach wird (noch im selben Schritt) die Figur wieder entgegen dem Uhrzeigersinn um 45° gedreht.

4. a. Hier werden, angefangen mit dem nach links gerichteten, Striche weggenommen, jeweils der, der durch Drehung um 135° vom soeben weggenommenen Strich entstand.
5. e. Hier werden abwechselnd zwei Ecken weggenommen und eine hinzugefügt.
6. c. Die Figuren werden (entgegengesetzt des Uhrzeigersinns) erst um 45°, dann um 90°, dann wieder um 45° usw. gedreht. Die Figuren an den Streckenenden sind jeweils gleich.
7. c. Hier wird das Alphabet in Zweierschritten »aufgezählt« und der Buchstabe jeweils um 45° entgegengesetzt der Uhrzeigersinns gedreht.

Zahlensymbole (S. 116)

1. 2; 2. 0; 3. 3; 4. 1; 5. 0; 6. 5; 7. 1; 8. 1; 9. 7; 10. 3; 11. 8; 12. 9; 13. 2; 14. 0; 15. 5; 16. 3; 17. 4; 18. 1; 19. 0; 20. 6; 21. 4; 22. 9; 23. 5; 24. 3; 25. 1

Dominos (S.120)

1. a; 2. d; 3. c; 4. a; 6. e; 7. a; 8. b; 9. c; 10. e; 11. a; 12. d; 13. c; 15. b; 16. e; 17. b; 20. b; 21. e

Wochentage (S. 126)

A. 1. Mo; 2. Mi; 3. So; 4. Di; 5. Sa; 6. Mo; 7. Fr; 8. Do; 9. Do; 10. Di
B. 1. Mi; 2. Mo; 3. Mi; 4. So; 5. Mi; 6. So; 7. Di; 8. Fr
C. 1. So 2. Di; 3. Mi; 4. Do; 5. So; 6. Sa; 7. Sa; 8. Sa
D. 1. So; 2. Mi; 3. Fr; 4. So; 5. Mo; 6. Mo; 7. Sa
E. 1. Sa; 2. Fr; 3. So; 4. Fr; 5. Mo; 6. Di; 7. Mo
F. 1. Mi; 2. Mi; 3. Mo; 4. Mi; 5. Di; 6. Do; 7. Fr
G. 1. So; 2. Sa; 3. So; 4. Mi; 5. Mo; 6. Mi

Flussdiagramme (S. 130)

A. 1. a; 2. d; 3. c
B. 1. e; 2. e; 3. e

Textaufgaben (S. 135)

Dreisatz (S. 135)

1. a) 17,5 Liter $\frac{5\,\text{Liter}}{100\,\text{km}} \times 350\,\text{km} = 17{,}5\,\text{Liter}$

   b) 440 Kilometer $\frac{100\,\text{km}}{5\,\text{Liter}} \times 22\,\text{Liter} = 440\,\text{km}$

2. 18,75 € $\frac{5{,}00\,€}{200\,\text{g}} \times 750\,\text{g} = 18{,}75\,€$

3. 32 Flaschen $\frac{24\,\text{Liter}}{0{,}75\,\text{Liter}} = 32\,\text{Flaschen}$

4. 75 $\frac{135}{27} \times 15 = 75$

5. 71,50 € $\frac{55\,€}{10} \times 13 = 71{,}50\,€$

6. 2,5 $\frac{8+x}{42} = \frac{10+x}{50} \Rightarrow 400 + 50x = 420 + 42x \Rightarrow x = 2{,}5$

7. 330 g 1 Person ≙ 110 g ⇒ 3 Personen ≙ 330 g

8. 8 Tage $\frac{15}{6} = \frac{20}{x} \Rightarrow x = 8$

Prozentrechnung (S. 136)

1. 120 600 · 0,65 = 390 Schüler nehmen an den NV teil. 600 · 0,45 = 270 Schüler sind Jungen. Somit nehmen mindestens 390 – 270 = 120 Mädchen an den NV teil.

2. 375.000 € $\frac{1}{4} \times \frac{1}{4} \times 6\,\text{Mio.} = 375000\,€$

3. 1042 € $900\,€ \cdot 1{,}05^3 \approx 1042\,€$
4. nein, geringer. $109\,\% \cdot 91\,\% \approx 99\,\%$
5. 13,3 % $1{,}08 \cdot 1{,}10 \cdot 1{,}06 \cdot 0{,}90 \approx 1{,}133$

6. 20 € $\frac{16\,€}{80} = \frac{x}{100} \Rightarrow x = 20\,€$

7. 1200 € $\frac{17}{24}x = 850\,€ \mid \cdot \frac{24}{12} = 1200\,€$

8. 8000 €/6000 €

$$\frac{\text{Beteiligung}}{\text{Kaufpreis}} = \frac{\text{Gewinnbeteiligung}}{\text{Gewinn}}$$

$$\frac{2\,€}{3 \times 2\,€ + 2 \times 1{,}5\,€} = \frac{x}{36000\,€} \Rightarrow$$

$x = 8000\,€$; analog für $1{,}5\,€$

9. 138

$150 \cdot (100 - 8)\,\% = 138$

10. 20

$4 + 3 + 1 = 8 \mathrel{\hat{=}} 40\,\% \Rightarrow 20 \approx 100\,\%$

Mischungsrechnung (S. 137)

1. 300 ml

$$15\,\% = \frac{5\,\% \times x + 30\,\% \times 200\,\text{ml}}{x + 200\,\text{ml}} \Rightarrow 100\,\% \times x$$

$= 15\,\% \times 200\,\text{ml} \Rightarrow x = 300\,\text{ml}$

2. 5:6

Mischungskreuzregel: Die zu mischenden Sorten sind im umgekehrten Verhältnis ihrer Preisdifferenzen zur Mischungssorte zu mischen: 5 € · 100 – 44 € = 6 € ⇒ 6 Teile; 55 € – 5 € · 100 = 5 € ⇒ 5 Teile.

3. 14 %

$$\frac{250\,\text{ml} \times 20\,\% + 750\,\text{ml} \times 12\,\%}{250\,\text{ml} + 750\,\text{ml}} = 14\,\%$$

4. 6,80 €

$$85\,\% \times \left(\frac{4}{10} \times 4\,\text{kg} \times 2\frac{€}{\text{kg}} + \frac{3}{10} \times 4\,\text{kg} \times 3\frac{€}{\text{kg}} + \frac{3}{10} \times 4\,\text{kg} \times 1\frac{€}{\text{kg}}\right) = 6{,}80\,€$$

Gleichungen (S. 138)

1. 2,60 m — $(b + 0{,}8\text{ m}) + b = 6\text{ m} \Rightarrow b = 2{,}6\text{ m}$
2. 20, 22, 24, 26, 28 — $z_1 + (z_1 + 2) + (z_1 + 4) + (z_1 + 6) + (z_1 + 8) = 120 \Rightarrow z_1 = 20$
3. 3 dm — $1\,l = 1\text{ dm}^3$ Wasser. $225\text{ dm}^3 = 15\text{ dm} \cdot 5\text{dm} \cdot x \Rightarrow x = 3\text{ dm}$
4. 44 Jahre — $(a + 8) + a = 96 \Rightarrow a = 44$
5. 1105, 1226 — $\begin{pmatrix} x - y = 121 \\ x + y = 2331 \end{pmatrix} \Rightarrow x = 1226 \text{ und } y = 1105$

6. 12 Jahre — $J - 8 = 2 \cdot (J - 2) \Rightarrow J = 12$
7. 24 € — $P - (P - 10) = 38\ € \Rightarrow P = 24\ €$

Denkaufgaben (S. 138)

1. 7 rote und 13 gelbe Rosen — $1{,}5\ g + 2{,}3 \cdot (20 - g) = 35{,}6 \Rightarrow -0{,}8\ g = -10{,}4 \Rightarrow g = 13$
2. 8 — $x^2 = (x - 6)^6 \Rightarrow x = (x - 6)^3$. Da Potenzfunktionen ziemlich schnell ansteigen, kommt für die Zahl $(x - 6)$ nur eine kleine Zahl in Frage. Mit kurzem Nachrechnen, gelangt man zu $(x - 6) = 2$, also $x = 8$.
3. 2385 — Die Zahlenfolge folgt der Regel $a_n = 3 \cdot (n - 1)$ Demnach: $a_{796} = 3 \cdot (796 - 1) = 2385$
4. 23 — Mit jedem Bruch (egal wo!) hat man ein Stück mehr. Demnach hat man, um 24 Stücke zu erhalten, die Schokolade 23-mal geteilt. Es ist daher auch egal, wie die Stücke angeordnet sind.
5. nein. Max' Chancen sind mit rund 51 % sogar geringfügig höher.

Da Aufgaben der Wahrscheinlichkeitsrechnung oft Bestandteil von Tests sind, wollen wir Ihnen eine bewährte Lösungsstrategie anhand dieser Aufgabe vorstellen:
In einem so genannten Baumdiagramm skizziert man zunächst alle Fälle, die passieren können, und schreibt an die einzelnen »Äste« die Wahrscheinlichkeit, mit der diese auftreten. Danach geht man den Baum von oben durch und schaut welche Fälle zugunsten der einen Partei sind (in unserer Aufgabe z. B. alle Fälle, in denen Karl gewinnt). Danach braucht man die Wahrscheinlichkeiten eines Astes (von ganz oben bis ganz unten!) nur zu multiplizieren. Die Produkte dieser Fälle werden dann nur noch addiert und man erhält die gesuchte Wahrscheinlichkeit.

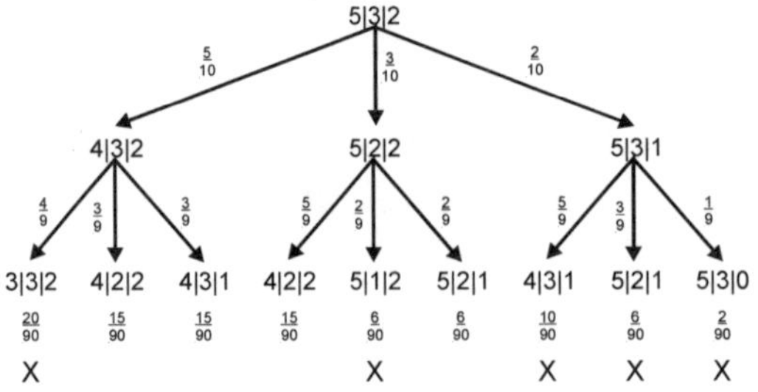

Die Fälle, in denen Karl gewinnt sind mit »X« markiert. Die Wahrscheinlichkeiten zusammenaddiert, ergibt: $^{20}/_{90} + ^{6}/_{90} + ^{10}/_{90} + ^{6}/_{90} + ^{2}/_{90} = ^{44}/_{90} \approx 49\,\%$. Karl gewinnt also ein Spiel mit einer Wahrscheinlichkeit von 49 %, und demzufolge Max mit einer Wahrscheinlichkeit von 51 %.
Ein Tipp zum Schluss: Wenn Sie sich im Umgang mit den Wahrscheinlichkeiten im Baumdiagramm auskennen, brauchen Sie nicht mehr alle Wahrscheinlichkeiten an die Äste schreiben. Uns genügten ja auch die der Fälle, in denen Karl gewann.

Interpretation von Schaubildern (S. 140)

A. **1.** a; **2.** a; **3.** b; **4.** b; **5.** a; **6.** a

B. **1.** b; **2.** b (Bedenken Sie, dass die Prozentwerte den Anstieg gegenüber dem vorigen Jahr wiedergeben. Man kann also davon ausgehen, dass das BSP um mehr als die Summe der Prozentwerte (=15,9) gestiegen ist.) **3.** a; **4.** a; **5.** a; **6.** b; **7.** a; **8.** a; **9.** a.

C. **1.** A-Stadt; **2.** D-Stadt, 2004; **3.** A-Stadt, 2000; **4.** D-Stadt, 2004; **5.** HT: A-Stadt; NT: D-Stadt; **6.** am meisten: A-Stadt; am wenigsten: B-Stadt; **7.** B-Stadt; **8.** 2002; **9.** B-Stadt, 2001; **10.** B-Stadt.

Modellanalyse (S. 144)

1. 100. Einsetzen von D1 (2. Gleichung) in D3. **2.** 845. D1 (2. Gleichung) in D3 eingesetzt, und dies wiederum in D2 eingesetzt, ergibt B_{t_0}. A_{t_0} ergibt sich, indem man B_{t_0} nochmals in D1 einsetzt. A_{t_0} und B_{t_0} in D5 eingesetzt liefert dann das Ergebnis. **3.** 85. Einsetzen der 2. Gleichung von D5 und von A_{t_0} in D4 liefert direkt das Ergebnis. **4.** a) ja. A_{t-1} wirkt sich auf C_t (D3) aus und C_t wirkt sich auf B_t (D2) aus. b) ja. B_t wirkt sich auf A_t (D1) aus und A_t wirkt sich auf D_t (D4) aus. c) ja. Bei vorgegebenem E_{t-1} wirkt sich D_{t-1} auf A_{t-1} aus, wodurch wiederum A_t beeinflusst wird (D1). **5.** größer. Da A_{t_0-1} sich auf A_{t_0} auswirkt und Zweiteres dadurch kleiner wird, wird D_{t_0} dadurch größer. **6.** Es lassen sich a) und b) berechnen. Mit B_{t_0} lässt sich durch Umstellen von D2 C_{t_0} berechnen. Damit lässt sich durch Umstellen von D3 A_{t_0-1} berechnen (D1). Durch Einsetzen von A_{t_0} und B_{t_0} in D5 lässt sich E_{t_0} berechnen. Die Einzige Möglichkeit E_{t_0-1} zu berechnen, ginge über D4. Da aber auch D_{t_0} unbekannt ist, lässt sich E_{t_0-1} unter den gegebenen Voraussetzungen nicht berechnen.

Lösungen zeichengebundene Logik

Sinnvoll ergänzen 1 (S. 150)

1. a. In jedem Schritt werden Blätter von der »Blüte« weggenommen. Dabei werden immer die sich gegenüberliegenden Blätter beseitigt.
2. b. Die schwarze Fläche wird gleichmäßig immer größer. Mit jedem Schritt wandert der Punkt, von dem aus sie sich vergrößert, in die entgegengesetzt des Uhrzeigersinns nächste Ecke.
3. b. Die Buchstaben rutschen immer eine Zeile tiefer. Dabei werden A und D gleichzeitig eine Spalte nach links und B und C eine Spalte nach rechts geschoben.
4. d. Die Figur (als Ganzes betrachtet) wird abwechselnd erst um 45° und (im nächsten Schritt) um 90° entgegen dem Uhrzeigersinn gedreht.
5. b. Das Kreuz in der rechten oberen Ecke wird durch die beiden gestrichelten Linien gleichmäßig (!) immer mehr »gestaucht«. Im 3. Bild nimmt das Kreuz noch ein bisschen mehr als ein Viertel der Gesamtfigur ein, im 4. genau ein Viertel. Also muss es im 5. Bild ein bisschen weniger als ein Viertel ausfüllen.
6. c. Die gestreifte Fläche wird nach oben hin immer kleiner. Während sie im 3. Bild noch knapp mehr als die Hälfte des Bildes ausfüllt, tut sie dies im 4. Bild nur noch zur Hälfte. Folgerichtig müsste sie sich also über knapp weniger als die Hälfte des 5. Bildes erstrecken.
7. e. Die Figur dreht sich bei jedem Schritt um 90°. Gleichzeitig wird (gleichmäßig) pro Schritt eine »Feder« weggenommen.
8. e. Das schwarze Dreieck bewegt sich mit jedem Schritt weiter Richtung Mittelpunkt des großen Dreiecks und dort angelangt von diesem wieder weg. Gleichzeitig dreht sich die Gesamtfigur jeweils um 45° entgegen dem Uhrzeigersinn.
9. f. Die Figur dreht sich um 45° entgegen dem Uhrzeigersinn. Gleichzeitig tauschen der Kreis und das Dreieck mit jedem Schritt die Positionen.
10. c. Von der Figur wird jeweils ein kleines Stück weggenommen. Somit ist c die naheliegendste Lösung.
11. c. Der Pfeil, der zuerst nach rechts unten zeigt, dreht sich entgegen dem Uhrzeigersinn, der andere mit selbigen.
12. f. Mit jedem Schritt wird ein Kreuz entfernt und ein Kreis hinzu-

gefügt. Abwechselnd werden immer ein bzw. zwei Quadrate präsentiert.

Sinnvoll ergänzen 2 (S. 154)

1. d. Nach rechts wird immer eine waagerechte Reihe Quadrate weggenommen, nach unten hin ein senkrechte.
2. b. Das Gesamtbild betrachtet, wird ein Kreuz mit Pfeilspitzen dargestellt.
3. c. Nach rechts hin wird eine Ecke weggenommen, senkrecht zwei.
4. f. In waagerechte Richtung werden zunächst ein und dann zwei »Stäbchen« hinzugefügt. Senkrecht bleibt die Anzahl konstant.
5. d. Nach rechts hin wird jeweils ein Quadrat hinzugefügt. Abwärts wird jeweils ein Dreieck mit eingebunden. Die Anzahl der Kreise bleibt konstant.
6. a. Die Art der Figur bleibt in jeder Spalte erhalten, nur die Größe und die Feinheit der Schraffierung ändern sich. Letztere wird nach unten immer grober.
7. c. Die Anzahl der Ecken der Figuren erhöht sich mit der Spalte um 1, mit der Zeile um 2. Während in der ersten Zeile der Hintergrund schraffiert ist, ist es in der zweiten Zeile die Figur im Zentrum des Bildes.

Sinnvoll ergänzen 3 (S. 157)

1. d. In der ersten Zeile wird abwechselnd ein schraffierter und dann ein nicht schraffierter (senkrechter) Balken hinzugefügt. In der zweiten Zeile wird das Gleiche von rechts beginnend analog mit waagerechten Balken getan. In der unteren Zeile schließlich läuft das Gleiche wie in der ersten Zeile ab, nur mit anderer Schraffur.
2. e. In jeder Zeile ergeben die beiden einzelnen Pfeile »übereinander gelegt« das 3. Bild.
3. i. In jeder Zeile wird jeweils ein Kreis, ein Sechseck und eine Raute dargestellt. In der ersten Zeile von zwei, in der zweiten von einem und in der dritten von drei Diagonalen durchstrichen. Dabei laufen die Diagonalen stets von links unten nach rechts oben.
4. a. Ausgehend von der Figur links oben wird waagerecht immer ein senkrechter und senkrecht immer ein waagerechter Strich weggenommen.
5. h. Jeweils die erste und die zweite Figur in jeder Zeile ergeben

»übereinander gelegt« die dritte, wobei Striche, die in beiden Figuren vorkamen, entfernt werden.

6. f. Die Pfeile werden in senkrechter Richtung 90° mit dem Uhrzeigersinn und in waagerechter Richtung 90° entgegen dem Uhrzeigersinn gedreht.
7. h. Die beiden ersten Figuren einer Zeile »übereinander gelegt«, ergeben die dritte Figur, wobei die gestrichelten Striche, die in beiden Figuren vorkamen, entfernt werden.
8. i. Die beiden ersten Figuren einer Zeile werden »übereinander gelegt« und tauschen ihre Farbe.

Zugehörigkeiten identifizieren (S. 160)

1. 1B, 2B, 3A, 4B
   In Gruppe A sind die Kreise stets links von den Quadraten und diese wiederum sind links von den Dreiecken. In Gruppe B verhält es sich analog, nur in senkrechter Richtung.
2. 1A, 2B, 3A, 4B
   In Gruppe A sind die Figuren stets geschlossen. »Man kann sie malen ohne den Stift abzusetzen« Dies ist bei Gruppe B nicht der Fall.
3. 1A, 2B, 3A, 4A
   In Gruppe A werden stets mehr Quadrate als Kreise präsentiert. In Gruppe B verhält es sich genau andersherum.
4. 1A, 2B, 3B, 4B
   In Gruppe B zeigen die geraden Striche stets in die gleiche Richtung.
5. 1B, 2A, 3B, 4A
   Die Grafiken der Gruppe B enthalten stets mindestens ein »H«.
6. 1B, 2A, 3A, 4B
   In Gruppe A liegt der schwarze Punkt immer in der gemeinsamen Fläche von Kreis und Quadrat.

Sinnvoll ergänzen 4 (S. 163)

1. 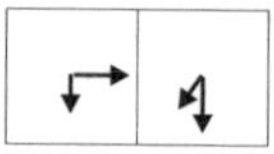
Der größere Pfeil dreht sich jeweils um 90°, der kleinere um 45°.

2. 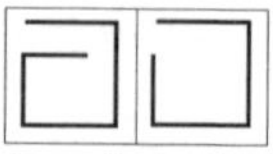
Mit jedem Bild wird von der Mitte aus ein Strich weggenommen.

3.
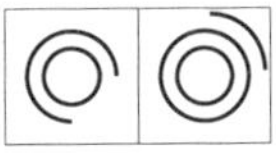
Es wird abwechselnd ein Halb- und ein Viertelkreis hinzugefügt.

4.
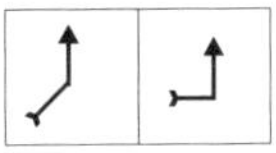
Der Strich mit der »Feder« dreht sich jeweils um 45° in Uhrzeigersinn.

5.
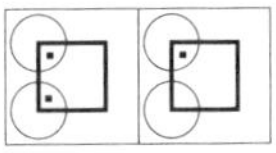
Es wird abwechselnd der schwarze Punkt und dann der Kreis, in dem er sich befand, entfernt.

6.
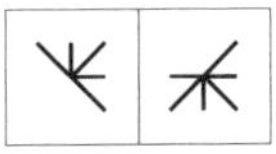
Es wird ein Strich hinzugefügt und dann die Figur um 90° in Uhrzeigersinn gedreht.

7.
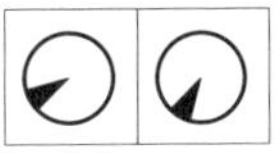
Die Figur wird jeweils um 30° entgegen dem Uhrzeigersinn gedreht.

8.

Zahlenreihe »12, 10, 8, 6, 4, 2« in römischen Zahlen.

9.
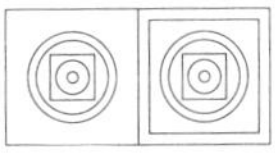
Es werden zweimal nacheinander ein Kreis und dann ein Quadrat hinzugefügt.

10.
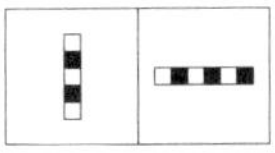
Es werden abwechselnd (oben bzw. rechts) ein weißes oder ein schwarzes Quadrat hinzugefügt. Außerdem steht die Figur abwechselnd waagerecht und senkrecht.

11.
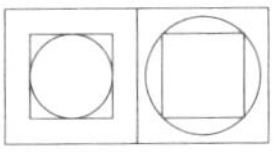
Beide Figuren umschließen abwechselnd die jeweils andere. Dabei wird die Größe der im vorigen Bild größeren Figur beibehalten.

12.
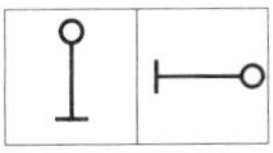
Die Figur wird gleichmäßig größer und um 90° in Uhrzeigersinn gedreht.

Sinnvoll ergänzen 5 (S. 165)

1. c. In jeder Zeile und Spalte sind jeweils ein Quadrat, eine Raute und ein Dreieck. Außerdem befinden sich in jeder Spalte in gleich vielen Ecken dieser Figuren kleinere Figuren.
2. a. Mit jeder Spalte wird eines der vier Teilstücke der Figur mehr gefärbt.
3. e. In der ersten Zeile befinden sich an dem waagerechten Strich ein bzw. zwei Halbkreise. Da die Figur unten rechts vier Halbkreise besitzt, wäre es am logischsten, wenn die gesuchte Figur drei Halbkreise besäße.
4. d. In jeder Zeile ergibt sich die dritte Figur aus dem »Übereinanderlegen« der beiden anderen Figuren.
5. f. Die zweite Figur in jeder Zeile ergibt sich durch Spiegelung der ersten an der von oben rechts nach unten links verlaufenen Diagonalen der Figur.
6. h. Von der ersten in die zweite Spalte wird die linke der beiden in der großen Figur enthaltenen Figuren nach außen »geklappt«. Im nächsten Schritt dann die andere.
7. c. Beim Spaltenwechsel wird in beiden Zeilen ein kleiner Strich von der Figur weggenommen.

Sinnvoll ergänzen 6 (S. 167)

1. b. In der dritten Spalte werden Quadrate präsentiert. Während in der ersten Zeile die gesamte Figur noch von einer senkrechten Schraffur überdeckt wird, ist es in der zweiten Zeile nur noch die Hälfte. In der dritten Zeile fehlt diese Schraffur gänzlich.
2. b. In jeder Zeile stimmen immer zwei Pfeilenden und zwei Pfeilspitzen überein.
3. g. In jeder Zeile wird das kleinere Viereck mit dem breiteren Rand in Richtung Mittelpunkt des größeren verschoben.
4. e. In jeder Zeile wird erst dieselbe Figur, die in der ersten Spalte zu sehen war, noch mal die Figur überlappend angefügt. In der dritten Spalte werden diese dann wieder »auseinander gezogen«.
5. d. Die Anzahl der schwarzen Punkte in den Bildern der dritten Spalte ergibt sich aus der Differenz, die Anzahl der weißen aus der Summe.
6. b. Die ersten beiden Bilder der Zeile ergeben »übereinander gelegt« das dritte Bild, wobei Figuren, die sowohl im ersten, als auch im zweiten Bild der Zeile auftauchten, entfernt werden.

7. h. Von der Ausgangsfigur (jeweils das erste Bild der Zeile) wird erst der Punkt links oben, dann der rechts oben, entfernt.
8. c. Die beiden ersten Figuren der Zeile werden »übereinander gelegt«. Nur Figuren die in beiden Bildern vorkamen, erscheinen wieder im dritten Bild der Zeile.
9. f. Jede Zeile hat eine eigene Schraffur. Außerdem ist in jeder Zeile jeweils ein Kreuz, ein Kreis und ein Quadrat zu sehen.
10. c. In jeder Zeile ist jeweils ein in waagerechte Richtung gestrecktes, ein in senkrechte Richtung gestrecktes und ein »gleichmäßiges« Kreuz. Jeweils ein Kreuz in jeder Zeile ist gestrichelt, eines zur Hälft gestrichelt und das dritte komplett durchgezogen.
11. g. In der ersten Zeile werden jeweils ein Strich, in der zweiten zwei und in der dritten drei Striche präsentiert. Nach unten hin werden die Abstände zwischen den einzelnen Strichen immer größer. Die Striche verlaufen in der dritten Spalte von rechts unten nach links oben.

Grafik-Analogien (S. 173)

1. e. Der Pfeil wird gespiegelt und erhält eine zusätzliche »Feder«.
2. a. Die äußere Figur bekommt zwei Ecken mehr. Die Anzahl der Striche in der Figur erhöht sich um zwei. Außerdem werden die Striche um 90° in Uhrzeigersinn gedreht.
3. e. Der Kreis verhält sich zum Quadrat wie die Ellipse zum Rechteck.
4. b. Die Figur wird um 90° entgegen dem Uhrzeigersinn gedreht.
5. b. Die Figur wird um 90° entgegen dem Uhrzeigersinn gedreht. In der Hälfte, die vorher schwarz war, ist der Halbkreis schwarz.
6. b. Es werden zwei kleine Quadrate zwischen den bestehenden hinzugefügt.
7. a.
8. c. Aus den Kreisen werden Quadrate. Die Anzahl der Figuren verdoppelt sich.
9. e. Die kleinen schwarzen Punkte werden aus der Figur heraus geschoben. Der schwarze Mittelpunkt wird kleiner und von einem zusätzlichen Kreis umrandet.
10. a. Die Figur wird um 135° entgegen dem Uhrzeigersinn gedreht.
11. c. Der Winkel des Kreissegments wird um 45° vergrößert. Außerdem wird selbiges weiß.
12. a. Nur bei dieser Lösung bleibt die Farbe erhalten

13. b. Die Figur wird um 45° entgegen dem Uhrzeigersinn gedreht. Jeweils das Kreissegment, welches einem bereits gefärbten gegenüberliegt, wird auch schwarz. Aus dem Kreis wird ein Achteck.
14. e. Die Figur wird um 90° entgegen dem Uhrzeigersinn gedreht. Der Teilfigur mit dem schwarzen Punkt werden zwei Ecken hinzugefügt. Die schwarze Teilfigur wird weiß und erhält drei weitere Ecken.
15. d. Die Figur wird um 45° im Uhrzeigersinn gedreht. Das weiße Quadrat wandert entgegen dem Uhrzeigersinn ein Strich weiter.
16. a. Die Figur wird um 45° entgegen dem Uhrzeigersinn gedreht. Auf beiden Seiten eines jeden schwarzen Blattes wird jeweils ein schwarzes Blatt hinzugefügt.

Gemeinsamkeiten finden (S. 176)

1. b. Die Linie ist jeweils auch Diagonale der beiden Quadrate.
2. d. Alle drei Figuren haben eine gemeinsame Fläche.
3. d. Eine nicht gerade offensichtliche Gemeinsamkeit: Nur in Bild d ist die Anzahl der dargestellten Figuren wie im Vergleichsbild gerade.
4. d. Nur in Bild d ist eine der beiden Figuren gefärbt.
5. e. Gemeinsamkeit: Dreieck und Quadrat schneiden sich »unter« dem Kreisbogen.
6. b. Drei der Figuren schneiden sich, die vierte liegt abseits.
7. c. Ein Viertel der Figur ist schwarz gefärbt.

Falsches herausstreichen 1 (S. 179)

Da die Lösungen in den meisten Fällen offensichtlich sind, wird nur bei besonders trickreichen Reihen unterhalb der Lösungen das System angegeben.

Tabelle A:

1. e; 2. b; 3. d; 4. f; 5. b; 6. d; 7. e; 8. d; 9. e; 10. f;
11. e; 12. b; 13. e; 14. e; 15. d; 16. f; 17. g; 18. b; 19. d; 20. e;
21. a; 22. f; 23. g; 24. e; 25. f; 26. f; 27. f; 28. e; 29. f; 30. g;
31. g; 32. f; 33. c; 34. f; 35. e

Tabelle B:

1. c; 2. e; 3. f; 4. b; 5. f; 6. b; 7. e; 8. e; 9. f; 10. c;
11. d; 12. f; 13. g; 14. d; 15. d; 16. a; 17. e; 18. f; 19. f; 20. e;

21. g; 22. e; 23. f; 24. f; 25. e; 26. g; 27. f; 28. e; 29. g; 30. g; 31. g; 32. f; 33. e; 34. e; 35. f

zu A25: Es wird zunächst das komplette Dreieck dargestellt und danach die 3 Variationen desselben mit einem fehlenden Strich. Ab dem 5. Bild müsste die Reihe von neuen beginnen.

zu A27: Von dem Kreis wird jeweils nur ein Viertel weggenommen.

zu A28: Mit jedem Schritt wird ein Kreisviertel mehr gefüllt.

zu A32: Mit jedem Schritt erhält das Vieleck eine Ecke mehr.

zu A35: Der Pfeil wird erst um 45°, dann um 90° gedreht usw.

zu B25: Die im vorigen Bild hinzugefügte Figur bleibt jeweils im nächsten Bild erhalten. Zusätzlich wird eine Figur hinzugefügt.

Zu B27: Im 1., 3., 5. und 7. Bild werden jeweils 2 Konten gestrichen. In den anderen Bildern verringert sich die Anzahl der Kanten jeweils um eins.

zu B29: Das 2., 4. und 6. Bild bestehen aus einem Dreieck. In den anderen Bildern wird (angefangen mit dem Dreieck) immer eine Ecke hinzugefügt.

zu B30: Zwei Striche von links oben nach rechts unten laufend wechseln sich ab mit einem Strich, der von links unten nach rechts oben verläuft.

zu B35: Die Reihe ist an dem Strich von Bild d gespiegelt.

Falsches herausstreichen 2 (S. 181)

1. b, e. Die anderen drei enthalten jeweils nur ein schwarzes Quadrat.
2. b, d. Gemeinsamkeit: Die äußere Figur hat immer eine Ecke mehr als die innere.
3. b, d. Die anderen drei Zahlen sind ungerade.
4. a, c. Bei den anderen drei Bildern ist jeweils die größere Figur schwarz gefärbt.
5. d, e. Bei a bis c zeigt jeweils eine Ecke des Vielecks nach oben.
6. c, d. Bei den anderen drei Bildern liegt das Quadrat zwischen den beiden Strichen.
7. b, d. Die anderen Figuren sind senkrecht.
8. c, e. Gemeinsamkeit: Ein Viertel des Kreises ist schwarz gefärbt.
9. a, e. Bei den anderen drei Bildern sind Vielecke von dem Kreis umschlossen.
10. c, e. Gemeinsamkeit: Ungerade Anzahl schwarzer Punkte.
11. d, e. Die anderen Grafiken enthalten jeweils nur 5 Symbole.

12. c, e. In den anderen Bildern liegt der schwarze Punkt innerhalb der gemeinsamen Fläche der beiden großen Figuren.
13. a, e. Gemeinsamkeit: Die geraden Striche »hängen« jeder für sich an einem »Flügel«.
14. c, e. Die gemeinsame Fläche der beiden Figuren ist bei den drei anderen schwarz gefärbt.
15. a, c. Bei den anderen Figuren ist die Anzahl der Striche ungerade.

Zahlensymbole (S. 184)

1. 9; 2. 7; 3. 0; 4. 4; 5. 4; 6. 4; 7. 3; 8. 7; 9. 2; 10. 2.